Thomas Estler

DIE SCHNELLSTEN LOKS DER WELT

transpress

Der Versuchs- und Rekordtriebwagen »300X« der JR Central macht am 14. Juli 1999 bei einer Testfahrt einen kurzen Zwischenstopp im Bahnhof Maibara.

Einbandgestaltung: Luis dos Santos
Foto: Copyright Doug Armand/Getty Images

Foto Rückseite: Sammlung Koppisch, Archiv transpress

Bildnachweis: siehe Seite 158

Eine Haftung des Autors oder des Verlages und seiner Beauftragten für Personen-, Sach- und Vermögensschäden ist ausgeschlossen.

ISBN 978-3-613-71689-6

Ein Unternehmen der Paul Pietsch Verlage GmbH & Co. KG

1. Auflage 2023

Erstmals erschienen 2017 unter dem Titel »Rekorde auf der Schiene – Die schnellsten Loks der Welt«

Sie finden uns im Internet unter www.transpress.de

Lektor: Hartmut Lange
Innengestaltung: Kornelia Erlewein grafik+design
Repro: Kornelia Erlewein grafik+design
Druck und Bindung: Graspo CZ, 76302 Zlin
Printed in Czech Republic

100 JAHRE DEUTSCHE EISENBAHNEN 1835–1935
Erster Dampfwagen zwischen Nürnberg und Fürth

Der Autor dieses Buches, ***Thomas Estler,*** verstarb völlig überraschend am 12. September 2022 im Alter von nur 64 Jahren. Der studierte Diplom- Kaufmann arbeitete zunächst viele Jahre bei der SVU GmbH in Stuttgart (Stadtentwicklung, Verkehr, Umwelt), zuletzt als Geschäftsführer.
Als Selbständiger hatte er aber auch die Möglichkeit, sich ausführlich der Eisenbahn und Eisenbahnfotografie zu widmen. Durch Veränderungen seines Arbeitsbereichs verschob sich der Schwerpunkt seiner Arbeit in den letzten Jahren in Richtung Autorentätigkeit und er veröffentlichte bei mehreren Verlagen zahlreiche Bücher und Fotografien zum Thema Eisenbahn. So war er seit Ende der 1990er Jahre beim Transpress-Verlag in Stuttgart aktiv, bei dem er nach seinem Reiseführer Baden-Württemberg, mehrere Baureihen-Bücher und den Bänden zum Hochgeschwindigkeitsverkehr der Welt einen Großteil der »Typenkompass«-Reihe bearbeitete. Sein letztes Werk widmete er zusammen mit Burckhard Wollny den Eisenbahnen im Raum Stuttgart. Im Hause GeraMond erschienen von ihm das Baureihenbuch »E 11/E 42« sowie der Bildband »Stuttgart Hauptbahnhof«, außerdem unterstützte er die Sammeledition »Wagen« und die Reihe »Typenatlas« mit seinen Aufnahmen. Den Schweizer Lokomotiven galt sein Interesse ebenfalls und verfasste in der Edition Lan AG zwei Bücher über elektrische Lokomotiven der SBB.
Bei der Zeitschrift Fern-Express war er als Redakteur tätig und berichtete ausführlich über die Eisenbahnen in den den USA und weiteren Ländern.

Vorwort

Kaum ein Verkehrsmittel wurde am Anfang so kontrovers diskutiert wie die Eisenbahn – und das Hauptproblem war natürlich ihre unerhörte Geschwindigkeit.

So kam ein Gutachten des Bayrischen Obermedizinalkollegiums im Jahr 1838 zu folgender Erkenntnis: »Die schnelle Bewegung muss bei den Reisenden unfehlbar eine Gehirnkrankheit ... erzeugen. Wollen aber dennoch Reisende dieser grässlichen Gefahr trotzen, so muss der Staat wenigstens die Zuschauer schützen ... Es ist notwendig, die Bahnstelle auf beiden Seiten mit einem hohen Bretterzaun einzufassen.« Viele Pfarrer hielten Predigten gegen die teuflische Erfindung, denn Lärm und Gestank galten schlicht als unchristlich. Ferner waren sie der Meinung, wenn Gott es gut hieße, dass sich der Mensch schneller fortbewege als ein Pferd, hätte dieser Räder anstatt seiner Füße. Die Quarterly Review, eine englische, politisch-literarische Zeitschrift, verstieg sich gar zu der Behauptung: »Die Idee einer Eisenbahn ist praktisch unausführbar. Gibt es etwas Lächerlicheres und Absurderes als das Projekt eines Dampfwagens, welcher zweimal so rasch gehen soll als unser Postwagen? Eher ließe sich erwarten, dass man sich im Artillerielaboratorium zu Woolwich mittels einer Congreveschen Rakete befördern lässt, als durch die Gnade einer doppelt so schnell als unsere Postwagen laufenden Lokomotive.« Vater und Sohn Stephenson revanchierten sich für diesen gehässigen Artikel über die Eisenbahn, indem sie ihre für das im Oktober 1829 stattfindende Lokomotivrennen von Rainhill gebaute Lok auf den Namen »Rocket« tauften.
Doch es gab auch überaus positive Reaktionen: Visionäre Zeitgenossen sahen den schnellen, sicheren und regelmäßigen Transport von Personen und Gütern voraus. Dies würde zu einer Beschleunigung des Kapitalverkehrs, einer Steigerung des nationalen Wohlstands und so in die industrielle Revolution führen. Schon früh erkannte z.B. der deutsche Nationalökonom Friedrich List die Bedeutung des Eisenbahnbaus für die wirtschaftliche Entwicklung Deutschlands. Als einer der größten Befürworter der Eisenbahnen entwickelte er bereits 1834 den Plan eines gesamtdeutschen Eisenbahnnetzes in einem Aufruf für den Bau einer Bahn zwischen Leipzig und Dresden.

Und nur einige Jahrzehnte später hatte die Eisenbahn alles umgekrempelt und es galt eher das Motto: mehr Leistung, schneller und weiter. Wie sagte schon der deutsche Lyriker Emanuel Geibel (1815–1884): »Jetzt pfeift der Dampf und lässt im Sturm uns reisen; verwandelt ward die Zeit und wir mit ihr.« Er sollte grundsätzlich recht behalten und nur in einem Punkt irren: Neue Technologien lösten ein Jahrhundert später die Dampflok ab und verhalfen dem schienengebundenen Reisen zu noch viel höheren Geschwindigkeiten.

Zu allerletzt: Ein ganz besonderes Dankeschön gilt meinem Lektor Hartmut Lange, der mir einiges an Arbeit abnahm, mir stets mit Rat und viel Tat zur Seite stand und dessen Geduld ich wohl zeitweise ziemlich heftig strapaziert habe.

Thomas Estler

REKORDE
Dieseltraktion

Die Eisenbahn kommt

Mit Fug und Recht kann man sagen, dass es zwei große Abschnitte in der Weltgeschichte gibt: Die Zeit bis zur Einführung der Eisenbahn und den denkwürdigen Tag, an dem zum ersten Mal ein Zug über die glatten Schienen rollte. Seit diesem Zeitpunkt hat sich auf der Welt vieles geändert, denn die Eisenbahn gilt als die bedeutendste technische Neuerung des 19. Jahrhunderts.

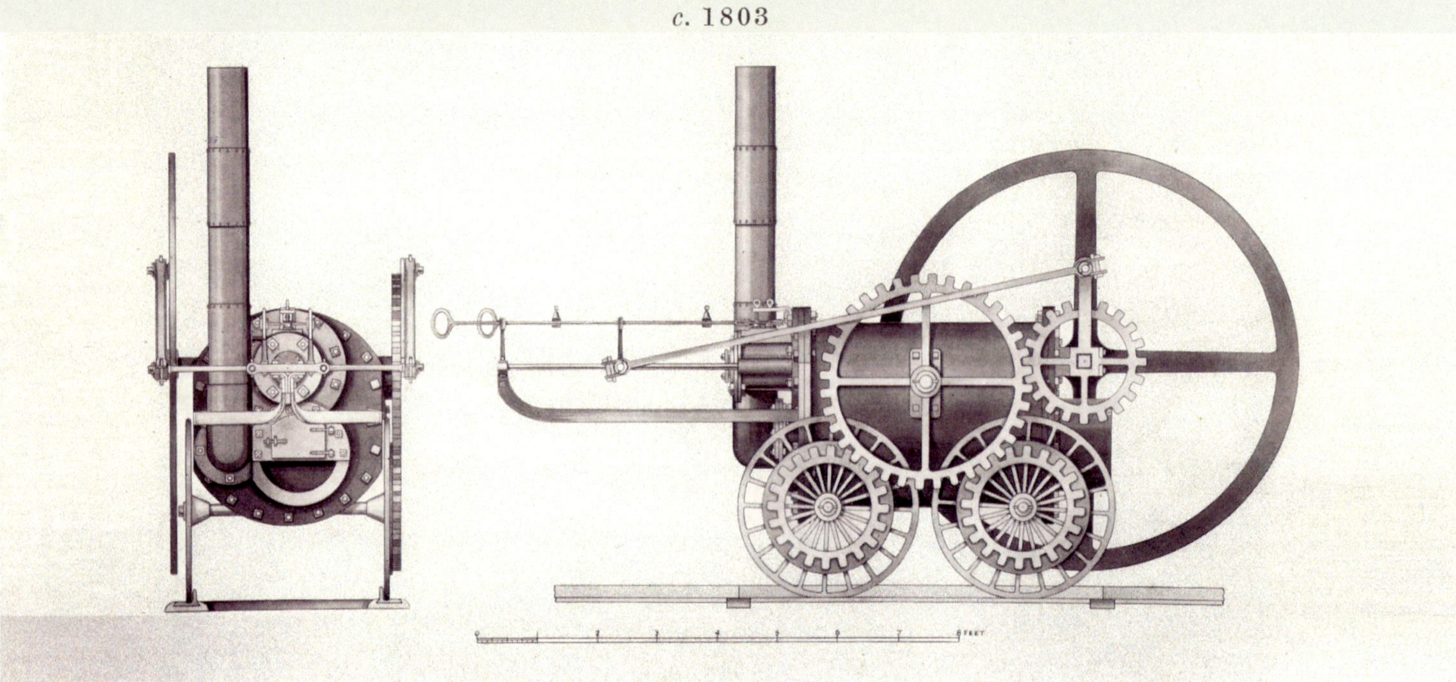

Die »Wanderdampfmaschine« (erste Dampflok der Welt) von Richard Trevithick aus dem Jahre 1803

Alles begann mit der Erfindung der zunächst stationären atmosphärischen Kolbendampfmaschine, welche zwischen 1705 und 1715 von dem Engländer Thomas Newcomen zur kommerziell nutzbaren Reife entwickelt worden war. Dem englischen Erfinder James Watt gebührte 1784 das Verdienst, den Verbrauch des Brennmaterials in der Newcomen-Maschine um 75 % zu reduzieren, wodurch eine deutlich kostengünstigere Nutzung möglich war. Dampfmaschinen wurden nun hauptsächlich zum Auspumpen und als Antrieb für Wasserpumpen in den Bergwerken eingesetzt.

Doch bald machten sich Dampfmaschinen auch in anderen Produktionsbereichen breit und die Mechanisierung des menschlichen Lebens war nicht mehr aufzuhalten.

1803 gelang dem Engländer Richard Trevithick die Konstruktion der ersten Dampflok der Welt. Zunächst stand seine erste »Wanderdampfmaschine« allerdings auf einer Pferdekutsche. Erst 1804 stellte er das Monstrum mit großem Schwungrad und einer komplizierten Zahnradübertragung auf die Treibräder auf Schienen.

Ein originalgetreuer Nachbau von Stephenson´s »Rocket«, hier in Tyseley am 25. Juni 2011.

Nachgestellt: George Stephenson mit seiner »Rocket«.

Die Lokomotive fuhr, doch hielten die gusseisernen Schienen dem hohen Gewicht der Maschine nicht stand. Es folgten von ihm und anderen mühsame, kostspielige Versuche, die größtenteils bei der Umwelt auf Verständnislosigkeit und Spott stießen. Schließlich bewies der legendäre englische Lokkonstrukteur George Stephenson am 25. Juli 1814 mit seiner Probelok »Mylord« die Leistungsfähigkeit einer Dampflok. Er gilt als Erfinder der ersten brauchbaren Maschine. Deren Kessel war 3,4 m lang und 86 cm hoch. Sie besaß zwei Zylinder und der Abdampf trat noch mit einem Höllenlärm direkt ins Freie. Mit einem drohenden Verbot beim Gebrauch der Lokomotive konfrontiert, sah sich Stephenson schnell gezwungen, einen anderen Weg zu finden. So führte er den Abdampf in einen Schornstein zurück und erreichte damit einen besseren Zug des Kesselfeuers, nebenbei eine höchst wichtige Entdeckung. 1815 baute er bereits seine zweite Lokomotive und wenige Jahre später war er der erste, welcher die Eisenbahn aus dem Grubenbereich löste und sie erfolgreich zum öffentlichen Verkehrsmittel machte. Unter seiner Leitung wurde am 27. September 1825 mit der Stockton and Darlington Railway die erste öffentliche Eisenbahn der Welt eingeweiht. Seine »Locomotion« zog 36 Wagen, davon zwölf beladen mit Kohlen und Mehl. Vierzehn Wagen waren mit Arbeitern und sechs mit Gästen gefüllt. Dabei war auch ein eigens gebauter Reisezugwagen mit dem Namen »Experiment«. Erstmals kam auch die von Stephenson gewählte Spurweite mit 1.435 mm (4 Fuß und 8,5 Zoll) zur Anwendung. Dieses Maß entstand aus den »Tramroad«-Schienenwegen der Kohleminen (4 Fuß und 8 Zoll), womit die Gleise der neuen Eisenbahn auch von bereits existierenden Fuhrwerken benutzbar waren. Diese Stephensonsche Spurweite ist heute noch die Normalspur in den meisten Ländern und weltweit sind rund 60 % aller Eisenbahnstrecken normalspurig

Glatte Linien zeichnen die preuß. S 9 der Regelbauart mit der Nummer 904 aus.

ausgeführt. Auf keiner anderen Spurweite sind längere, schwerere oder schnellere Züge zu finden.

Aber es dauerte bis 1830, bis sich die Dampflok richtig im Reise- und Güterzugverkehr etablieren konnte. Damals war die Strecke zwischen den beiden großen Städten Liverpool und Manchester fertiggestellt worden und auf ihr rollte der erste Zug mit einer Stephensonschen Lokomotive nach dem berühmten Lokomotivrennen von Rainhill (siehe nächstes Kapitel). Zu jener Zeit waren in England bereits Bahnstrecken von 245 km Länge in Betrieb. Die Bahn sollte nun schnell zu dem bis dahin größten Massenverkehrsmittel werden. Das Postkutschenzeitalter ging zu Ende, denn mit der Eisenbahn begann eine völlig neue Ära des Reisens. Auf dem europäischen Kontinent folgten zunächst Frankreich und Belgien mit dampfbetriebenen Bahnen, bis am 7. Dezember 1835 auch die erste deutsche Eisenbahn von Nürnberg nach Fürth ihre Eröffnung feierte. 1838 ging die zweite Eisenbahnlinie in Deutschland von Berlin nach Potsdam in Betrieb. Aber schon zehn Jahre nach der Eröffnung der ersten deutschen Eisenbahn umfasste das deutsche Netz bereits 2.131 km, weitere zehn Jahre später rund 8.000 km. Um die Jahrhundertwende waren es dann schon 50.000 km Bahnstrecken innerhalb Deutschlands.

Noch schneller als die Europäer erkannten die US-Amerikaner den Wert des neuen Verkehrsmittels. Die erste in den USA betriebene Dampflok war die 1828 in England gebaute »Stour-

Als Versuchslok mit Frontführerstand für die Steigungsstrecken in Thüringen baute Henschel 1904 die als T 16 bezeichnete Tenderlok für die Preußischen Staatseisenbahnen. Ihre Radsatzfolge 2'C2' gewährleistete auch bei hohen Geschwindigkeiten stabile Laufeigenschaften in beide Richtungen.

bridge Lion«, welche ihre Jungfernfahrt auf amerikanischem Boden am 8. August 1829 durchführte. Am 24. Mai 1830 ging die Baltimore & Ohio Railroad zwischen Baltimore und Ellicott's Mills mit der schon in den USA gebauten »Tom Thumb« in Betrieb. Am 15. Januar 1831 eröffnete die South Carolina Canal and Railroad ihre erste Strecke und betrieb bereits 1833 zwischen Charleston und Hamburg die mit 219 Kilometern längste Bahnstrecke der Welt. 1831 gründete Matthias William Baldwin in Philadelphia die Baldwin Locomotive Works, welche sich bis 1945 zum weltweit größten Dampflok-Hersteller entwickelten. Der Ausbau des Bahnnetzes in den USA sowie der Lokomotivbau hatte schon bald das Mutterland der Eisenbahn sowie Kontinentaleuropa hinter sich gelassen.

Mit der Eisenbahn ist die Welt scheinbar kleiner geworden, die Staaten sind zusammengerückt und die Entfernungen spielten bald keine große Rolle mehr. Und natürlich gab es alsbald auch das Bestreben, diese Entfernungen in immer kürzerer Zeit zu bewältigen. Damit waren dem Erfindungsgeist für neue schienengebundene Fahrzeuge, die zunächst mit Dampf und später auch mit Benzin und Dieselöl oder mit Elektrizität betrieben wurden, keine Grenzen mehr gesetzt. Rückblickend gab es primär – aber nicht nur – für die Dampflok zwei Geschwindigkeitsgrenzen, welche die Konstrukteure besonders herausforderten, nachdem erst einmal die 100 km/h erreicht waren. Dies waren die 160 km/h, die in angelsächsischen Ländern 100 mph (miles per hour = Meilen pro Stunde) entsprachen, und natürlich die 200 km/h (= 125 mph).

Wie die Dampflok immer

schneller wurde

Das Lokomotivrennen von Rainhill und ein erster Rekord

Am 24. Mai 1823 gründeten Unternehmer aus Liverpool und Manchester die Liverpool and Manchester Railway Company, um den kostengünstigen Transport von Rohstoffen und Fertigprodukten zwischen dem Hafen von Liverpool und der führenden Industriemetropole Manchester zu ermöglichen.

Betriebsfähiger Nachbau der »Novelty« im Museum of Science and Industry in Manchester. Auf der Lok stehen Mr. und Mrs. Braithwaite, er ist ein Nachkomme des Lokbauers.

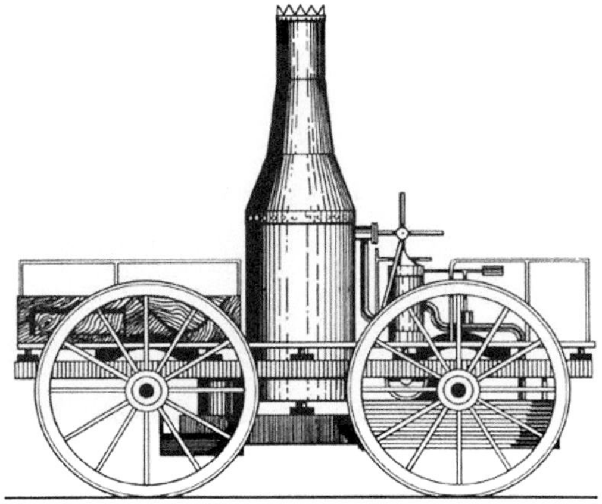

Perseverance

The Rocket

Der Güterverkehr über den Wasserweg (Kanäle) oder Landweg zwischen den beiden Städten genügte den Bedürfnissen vor allem der Webereien und Spinnereien Manchesters schon lange nicht mehr. Oft waren die Kanäle wegen Niedrigwasser nicht befahrbar und auf dem 50 km langen Landweg brauchten die Baumwollballen länger, als sie zur Fahrt über den Atlantik benötigt hatten. Nach diversen Querelen erhielt schließlich George Stephenson den Auftrag zum Bau der 56,327 km langen Strecke. Zunächst nahm er jenen Streckenabschnitt in Angriff, der von Fachleuten als undurchführbar bezeichnet worden war: die 7,644 km lange Querung des 30 Quadratkilometer umfassenden Moorgebiets »Chat Moss«. Um einen Damm zu erhalten, ließ er eine umfangreiche Drainage erbauen und in großem Umfang Geflechte aus Holz und Besenheide gefüllt mit Torfmassen, Sand und Erde im Moor versenken. Die Gesichter der Direktoren entgleisten mehr und mehr, als sie sahen, wie unaufhörlich Geld in einem Sumpf versank. Aber letztendlich nahm der Damm doch Gestalt an. Später erwies sich, dass die Querung des Chat Moss der billigste Abschnitt der ganzen, vorausschauend komplett zweigleisig ausgeführten Strecke war. Alles in allem bildete sie für damalige Verhältnisse eine beeindruckende ingenieurtechnische Leistung mit dem 2.057 m langen Wapping-Tunnel unter dem Stadtzentrum von Liverpool hindurch, dem 3,219 km langen und bis zu 21 m tiefer Einschnitt durch den felsigen Hügel Olive Mount und dem Sankey-Viadukt über den Sankey Brook, 21 m hoch mit neun Bögen zu je 15,24 m. Insgesamt mussten 63 Brücken und Viadukte errichtet werden.

Die Bauzeit der Bahn belief sich auf knapp fünf Jahre, und 1829 war noch immer nicht entschieden, ob der Betrieb mit Pferden, ortsfesten Dampfmaschinen und Seilzug oder mit Lokomotiven erfolgen sollte. Stephenson konnte schließlich die Direktion zur Ausschreibung eines Wettbewerbes zum Erhalt einer brauchbaren Lokomotive veranlassen. Der Sieger sollte 500 Pfund Preisgeld erhalten und konnte sich Hoffnungen machen, die Lokomotiven für die Strecke Manchester – Liverpool zu liefern. Als Vorgabe war genannt: Die Lok musste im Stande sein, das Dreifache ihres Gewichts von max. sechs Tonnen mit mindestens 16 km/h zu befördern. Sie durfte höchstens mit 3,5 Atmosphären Druck arbeiten, nicht höher als 15 Fuß (4,5 m) sein und sollte eine Federung besitzen. Sie sollte ihren Rauch verbrennen und zwei Sicherheitsventile besitzen, von denen eines außerhalb der Reichweite des Lokführers liegen musste. Als Bewährungsprobe war ein bei Rainhill gelegener, 3,2 km langer Streckenabschnitt vorgesehen, der zwanzigmal störungsfrei befahren werden musste. Diese Bedingungen erforderten eine entscheidende Verbesserung gegenüber dem damaligen Stand der Technik, da keine der bis dahin in Betrieb befindlichen Loks nur annähernd diese Voraussetzungen erfüllen konnte.

Schließlich standen am 6. Oktober 1829 drei Maschinen bei Rainhill zur Abnahmeprüfung bereit. Ein fünftes Gefährt mit Namen »The Cycloped« hatte sich zuvor als Attrappe erwiesen, denn unter dem lokomotivähnlichen Äußeren sollte ein braves Pferd mit Hilfe

Modell der »Cycloped« im Eisenbahnmuseum von Ängelholm, Schweden.

eines Tretmühlenmechanismus für die Fortbewegung sorgen. Wollte der Konstrukteur Will Brandreth die Jury auf den Arm nehmen? Das anwesende Publikum amüsiert sich köstlich, doch die gestrengen Herren der Jury ließen nicht mit sich spaßen und disqualifizierten die Lokattrappe unverzüglich. Auch die »Preserverance« (= Ausdauer) musste ausscheiden, da sie über ein Schritttempo nicht hinauskam. Somit blieben noch im Rennen die »Sanspareil« (= Unvergleichliche) von Timothy Hackworth, die »Novelty« (= Neuheit) des Schweden Ericsson und des Engländers Braithwaite sowie die »Rocket« (= Rakete) von Vater und Sohn Stephenson. Die Wettfahrten beanspruchten mehrere Tage, da sowohl die »Sanspareil« wie auch die »Novelty« wiederholt Defekte erlitten. Schließlich durfte am 8. Oktober Stephenson seine Bewährungsfahrt absolvieren. Zwanzigmal donnerte die »Rocket« problemlos über die Strecke und zwanzigmal brachen die Zuschauer in begeisterten Jubel aus. Als absolute Sensation geriet aber eine Fahrt, bei der Stephenson eine Geschwindigkeit von 45 km/h erreichte. Das bedeutete viermal so schnell wie eine Postkutsche, und das mit einem Wagen besetzt mit 36 Personen. Da die beiden Konkurrentinnen auch in den folgenden Tagen die vorgeschriebene Teststrecke wegen technischer Probleme nicht bewältigen konnten, blieb die »Rocket« mit ihrer Radsatzfolge A1 und den schrägliegenden, seitlichen Zylindern unbestrittene Siegerin. Das Geheimnis ihres Erfolges bildete die vergrößerte Heizfläche im Kessel. Stephenson hatte das bisher übliche einfache Flammrohr durch 25 Kupferröhren ersetzt und um die Feuerbüchse einen Stehkessel herumgebaut. Somit konnte das Kohlenfeuer dem Wasser im Röhrenkessel dreimal so viel Hitze abgeben wie zuvor. Ferner sorgte das eingebaute Hackworthsche Blasrohr für eine Erhöhung der Zugwirkung im Schornstein. Insgesamt besaß die »Rocket« erstmals alle Merkmale der klassischen Dampflokomotive. Nach seinem Sieg durfte Stephenson acht Dampfloks vom Typ »Rocket« an die Liverpool and Manchester Railway liefern.

Am 15. September 1830 erfolgte schließlich unter riesiger Publikumsbeteiligung die Einweihung der Bahn, die allerdings mit einem tragischen Unfall und einem unfreiwilligen Rekord abschloss. Aber der Reihe nach: Alle Eröffnungszüge sollten gemeinsam zunächst am Morgen von Liverpool nach Manchester fahren und am Nachmittag dann zurück. Ungewöhnlich war aber die Betriebslage, denn das südliche Streckengleis war für den Sonderzug des Herzogs von Wellington reserviert, die

Der originalgetreue Nachbau von Stephenson´s »Rocket« mit Wagengarnitur in Tyseley am 25. Juni 2011.

CAPSTAN
Nº 6
SANS PAREIL

Betriebsfähiger Nachbau der »Sans Pareil« bei einer Demonstrationsfahrt im Museum of Science and Industry in Manchester am 17. September 2005.

übrigen sieben Sonderzüge fuhren als Konvoi im Sichtabstand hintereinander auf dem nördlichen Streckengleis. Im Bahnhof Parkside fand für den herzoglichen Sonderzug – geführt von der »Northumbrian« – um 11:55 Uhr ein geplanter Halt zum Wasserfassen statt, wobei die Fahrgäste den Zug nicht verlassen sollten. Etwa 50 Männer hielten sich aber nicht daran, darunter auch der Parlamentsabgeordnete von Liverpool, William Huskisson, welcher dem Herzog seine Aufwartung machen wollte. Doch auf dem Parallelgleis näherte sich ein von der »Rocket« geführter Zug und Huskisson konnte sich nicht mehr rechtzeitig in Sicherheit bringen. Er fiel zwischen die Räder der »Rocket«, welche ihn am Bein schwer verletzte. Huskisson wurde dann auf ein als Trage zweckentfremdetes Türblatt gebettet, dieses auf dem ersten Wagen des herzoglichen Zuges gelagert und der restliche Zug abgehängt. Die »Northumbrian« fuhr mit dem einen Wagen, darauf Huskisson, seine Frau und mehrere Ärzte, ins Pfarrhaus von Eccles, das nahe der Bahnstrecke lag. Dabei erreichte die Lok eine Geschwindigkeit von 35 mph (56 km/h) – das bedeutete Weltrekord. Leider nützte dies alles nichts, denn einige Stunden später verstarb der bedauernswerte Abgeordnete.

Als Fazit bleibt: Die Versuche von Rainhill hatten eindeutig zugunsten der Lokomotive entschieden und die Dampflok stand im Begriff, dem Leben auf der Erde völlig neue Aspekte zu geben. Ferner trat nun ein völlig neuer Faktor auf den Plan: die Geschwindigkeit. Die schnellste Fortbewegungsart war bisher das Reiten auf dem Rücken eines galoppierenden Pferdes gewesen. Nun konnten plötzlich weit höhere Geschwindigkeiten über viel größere Distanzen bewältigt werden. Regionen rückten näher zusammen und Menschen, die noch nie im Leben über die Gemarkung ihres Dorfes oder ihrer Stadt hinausgekommen waren, konnten plötzlich für wenig Geld eine Reise wagen in die weite, nur vom Hörensagen bekannte Welt. Auf einmal konnte ein Kaufmann in einer Stadt wohnen und in einer anderen Geschäfte tätigen ohne eine zeitraubende und oft genug abenteuerliche Reise mit der Postkutsche. Züge verbilligten den Gütertransport so sehr, dass der Preis für manche lebenswichtigen Artikel in wenigen Jahren auf die Hälfte reduziert wurde. Wo immer nun eine Bahnstrecke erbaut wurde, erschloss sie eine ganze Gegend dem Handel und Wandel der Neuzeit.

Deutsche Lokbauer im Wettbewerb – Borsig und Maffei

Zwar gab es um 1840 in Deutschland erst 540 km an Eisenbahnstrecken, in Großbritannien aber schon 2.300 km und in den USA bereits über 4.400 km. Doch nun begannen namhafte deutsche Unternehmer mit dem Bau von Dampflokomotiven. So hatte auch August Borsig, ursprünglich ein gelernter Zimmermann, am 22. Juli 1837 in Berlin eine eigene Gießerei und Maschinenbau-Anstalt gegründet.

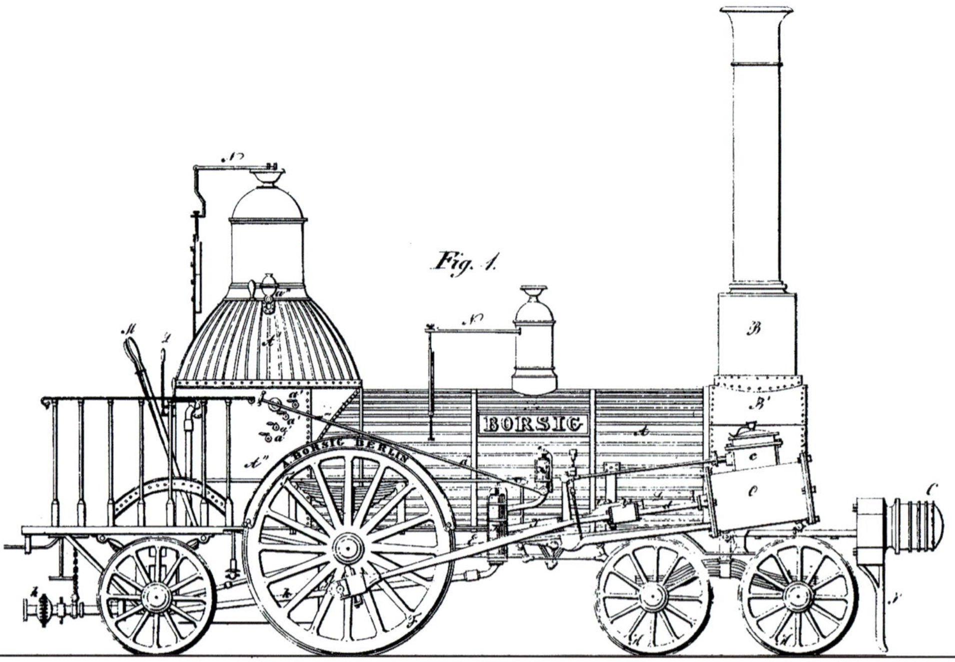

Die erste Dampflok von August Borsig, die »Borsig«.

Zunächst bestand seine Aufgabe in der technischen Wartung der ausnahmslos ausländischen Loks, welche auf der dritten deutschen Bahnlinie von Berlin nach Potsdam verkehrten. Bei der Gewährleistung ihrer stetigen Einsatzbereitschaft entdeckte er bald ihre Schwachstellen. Seine erste, 1841 fertiggestellte 2'A1-Dampfloks »Borsig« wies daher entscheidende Verbesserungen auf. Vom Amerikaner William Norris übernommen waren Kessel, Innenrahmen, schrägliegende Außenzylinder und vorderes Laufraddrehgestell, während Stephenson die Gabelsteuerung beisteuerte. Zur Verbesserung der Fahreigenschaften fügte Borsig jedoch noch einen Laufradsatz hinter dem stehenden Kessel hinzu. Er ließ sie am 21. Juli zu einer Wettfahrt auf der Strecke Berlin – Jüterbog gegen eine von George Stephenson gebaute Lokomotive antreten.

Noch einmal: Borsigs erste Dampflok von 1841.

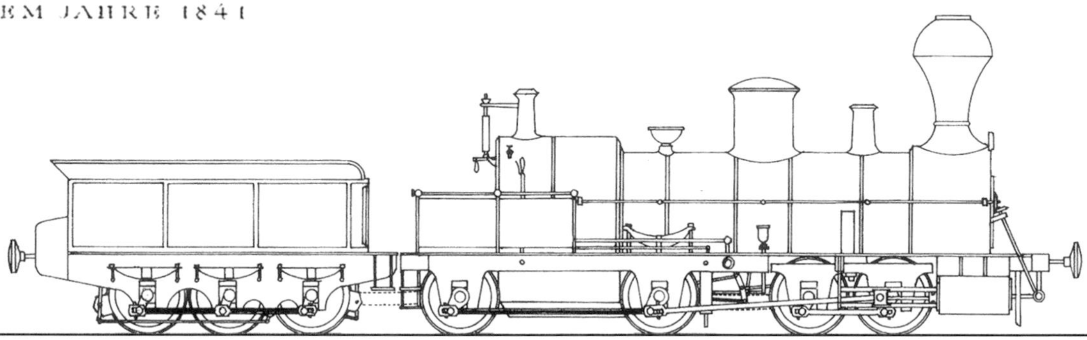

Seitenriss der »Bavaria«, der Gewinnerin des Semmering-Wettbewerbs 1851.

Die legendäre Wettfahrt könnte dann in etwa so stattgefunden haben, wie sie im bekannten DDR-Comic »Mosaik« in einer Ausgabe nacherzählt wurde: Stau am Berliner Stadttor im Jahr 1841: Gleich zwei Lokomotiv-Transporte wollen die Pforte passieren, was gleichzeitig nun mal nicht geht. »Lassen Sie mich sofort durch! Ich habe den Eilauftrag, diese Maschine für die Eisenbahn Berlin-Jüterbog abzuliefern!«, ruft ein Engländer erbost. Aber auch die Verantwortlichen des anderen Transports, die eine Norris-Lok zur Reparatur ins Borsig-Werk bringen wollen, sind nicht bereit, sich hinten anzustellen, und drängen als Erste durch das Tor. »Könnt ihr denn nicht warten?«, schreit der Engländer ihnen hinterher. »Ihr kommt schon noch recht-zeitig zu Borsig, diesem armseligen Kesselflicker!« – »Der Kesselflicker wird euch mit seiner Maschine bald beweisen, was er kann!«, ruft es lautstark zurück und nun ist die Diskussion richtig im Gange. »Haltet mich fest, ich falle um vor Lachen«, spottet der Engländer schließlich. »Borsig will den weltbekannten Stephenson ausstechen? Das gelingt ihm nie und nimmer!« Die Berlin-Anhalter Eisenbahngesellschaft hatte zwischenzeitlich den Wettstreit als Leistungsvergleich zwischen beiden Herstellern ins Leben gerufen.

Für Borsig und Stephenson hieß es also, Topp, die Wette gilt …

Und der große Tag beginnt: Beide Lokomotiven stehen bereit zum Duell. »Vergleichen wir die Uhren, Mr. Thompson, ich habe es zehn Minuten nach zehn«, ruft Borsig im Comic dem Gesandten Stephensons zu. »Stimmt, Sie fahren also um Viertel elf los«, tönt es in englischem Akzent zurück. »Ich komme fünf vor halb hinterher. Um elf habe ich Sie bestimmt eingeholt«. Den Überlieferungen zufolge startete die Borsig-Lok mit Maschinenmeister Müller tatsächlich zehn Minuten früher als die Stephenson-Lok mit dem Engländer Robson an Bord. Doch eingeholt wurde Borsigs Dampfross am Ende weder im Comic noch im realen Leben. Die Berliner Lok setzte sich klar gegen den englischen Verfolger durch. Sie hielt nicht nur den Vorsprung von zehn Minuten, sondern holte weitere zehn Minuten heraus und war am Ende 20 Minuten vor dem englischen Konkurrenten im Ziel. »Welcome to you, Mister …« will der Jüterboger Bürgermeister im Comic den Sieger an der Zielgeraden begrüßen. »Da müssen Sie noch ein wenig warten«, antwortet Borsig schmunzelnd. »Die Engländer kommen gleich.«

Die gewonnene Wettfahrt hatte gezeigt, dass es den Deutschen trotz fehlender Erfahrung möglich wäre, Lokomotiven zu bauen, die mindestens so gut waren wie die britischen Fabrikate. Somit war es nicht mehr nötig, Eisenbahnfahrzeuge samt Technikern zu importieren. Weitere sechs Maschinen dieser Art gingen 1842 an die Berlin-Stettiner Eisenbahn und die Oberschlesische Eisenbahn. Bis 1843 bestellten preußische Bahnen 18 Dampflokomotiven, und 1844 stellte Borsig auf der Berliner Industrieausstellung seine 24. Lokomotive aus.

Im Königreich Bayern führte Josef Anton v. Maffei 1837 eine Eisenfabrik mit Hammerwerk in der Hirschau bei München. Er erkannte die Zeichen der Zeit, modernisierte seinen Betrieb und lieferte ebenfalls 1841 seine erste 1A1-Dampflok »Der Münchner« an die München-Augsburger Eisenbahn. Sie bildete eine teilweise verbesserte Ausführung der Stephenson-Bauart. Kreatives Schaffen sicherte ihm einige Jahre einen spektakulären Erfolg, denn seine eigens hierfür konstruierte »Bavaria« gewann die 120 t-Zugwettfahrt auf den Steigungen der österreichischen Semmeringbahn.

Zwischen 1848 und 1854 wurde die Semmeringbahn als erste normalspurige Bergbahn in Europa erbaut. Sie verfügte über 14 Tunnel (darunter der 1.434 m lange Scheiteltunnel), 16 Viadukte und über 100 gekrümmte Steinbrücken sowie elf kleine Eisenbrücken. Auf dem 37 km langen Abschnitt zwischen Payerbach und Mürzzuschlag betrug die Maximalsteigung 28 ‰ und der minimale Krümmungsradius 190 Meter. Viele Ingenieure glaubten damals nicht daran, dass Lokomotiven diese schwierigen Betriebsbedingungen meistern könnten. Nachdem die Arbeiten an der Semmeringstrecke fortgeschritten waren, wurde ein Wettbewerb für die Lokomotiven ausgeschrieben, um die beste Bauart herauszufinden. Im März 1850 wurden folgende Bedingungen veröffentlicht: Die Loks sollten in der Lage sein, Züge mit bis zu 120 t Anhängelast bei einer Steigung von 22 ‰ mit einer Geschwindigkeit von 11,5 km/h zu ziehen. Die Radsatzlast war auf 14 t begrenzt. Zum Wettbewerb vom 20. August bis 16. September 1851 traten dann tatsächlich vier Lokomotiven an: Die »BAVARIA« von Maffei, die »SERAING« von Cockerill, die »NEUSTADT« von der Wiener Neustädter Lokomotivfabrik und die »VINDOBONA« von der Lokomotivfabrik der Wien-Raaber Bahn.

Die BAVARIA war augenscheinlich zunächst ein Zweikuppler mit herkömmlichem Antrieb. Doch sowohl die Radsätze des vorlaufenden zweiachsigen Drehgestells als auch die drei Tenderradsätze waren durch Kuppelstangen miteinander verbunden. Von dem hinter der Feuerbüchse liegenden vierten Radsatz wurde der vordere Tenderradsatz durch Kettenräder und Ketten ange-

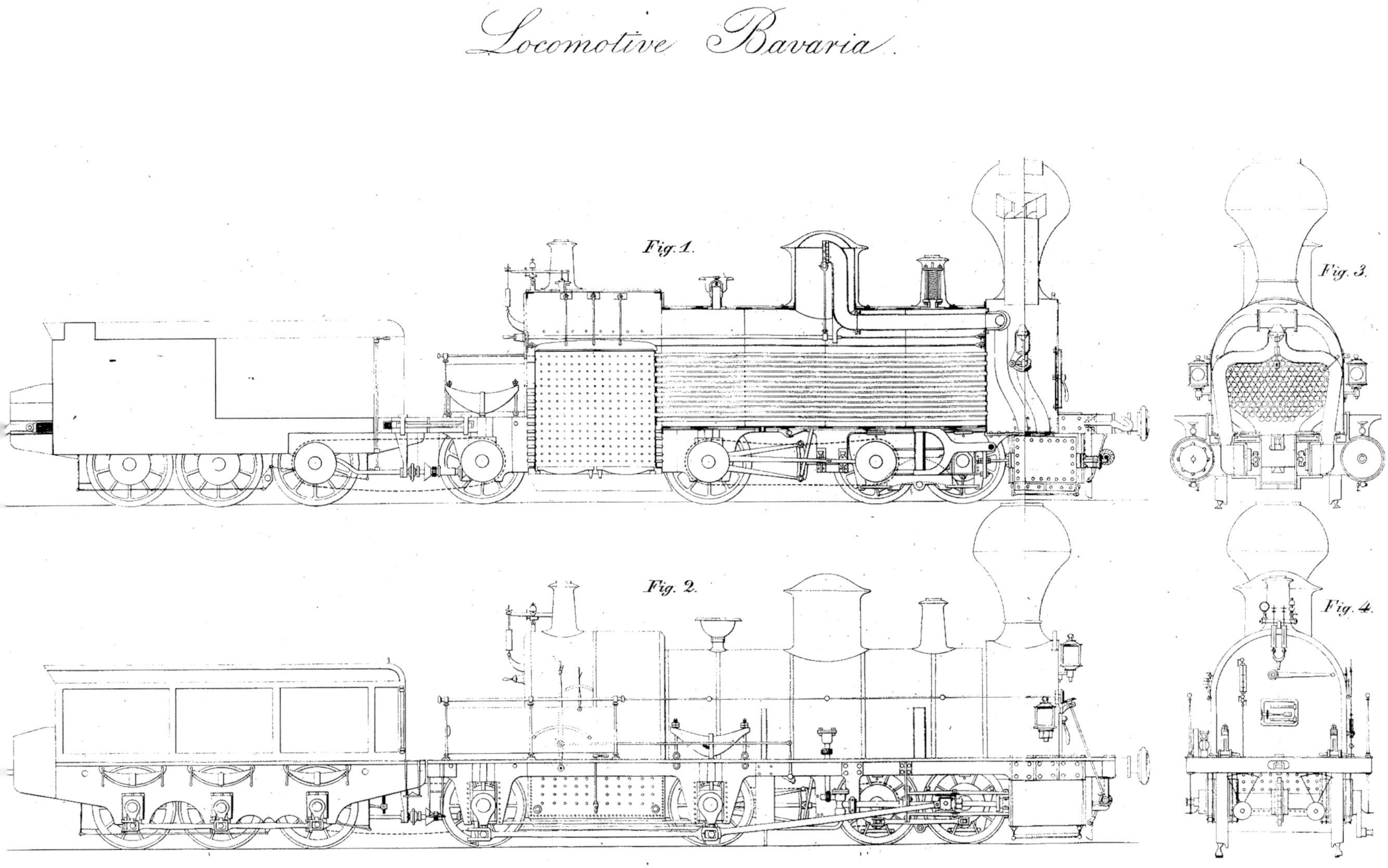

trieben. In gleicher Weise hatte man das vordere Drehgestell mit dem Treibradsatz verbunden. Damit konnte das Gesamtgewicht von Lok und Tender mit 73 t komplett als Reibungsgewicht herangezogen werden. Zwar erfüllten beim Wettbewerb alle Maschinen die vorgegebenen Leistungsparameter, doch die BAVARIA übertraf diese am höchsten und landete daher auf dem ersten Platz. Sie wurde dann für 20.000 Dukaten vom Staat angekauft. Leider stellte sich bei weiteren Versuchsfahrten (zwischen dem 12. Januar und 28. April 1852) heraus, dass die Antriebsketten nur einige Tage der Belastung standhielten. Somit war sie doch nicht für den Betrieb am Semmering geeignet, wurde bald darauf abgestellt und schließlich verschrottet.

Die »Cramptons« – erste Geschwindigkeitsrekorde

Der fantasievolle englische Erfinder Thomas Russel Crampton versuchte die Nachteile der von Stephenson entwickelten Langkessel-Bauart (»Long Boiler«) auf seine Weise auszumerzen. Die Kessel ragten bei diesen Loks vorne und hinten über die Radsätze hinaus und neigten damit bei hohen Geschwindigkeiten zum Nicken und Entgleisen.

... schneller als 100 km/h

Die 3A-Riesen-Crampton Nr. 245 »Liverpool«, gebaut 1848 in Liverpool von Bury, Curtis and Kennedy, soll 127 km/h erreicht haben.

Nach seiner Ansicht war der zu hoch gelagerte Schwerpunkt die Hauptursache für den unruhigen Lauf aller bisherigen schnellen Maschinen. 1843 erhielt Crampton ein Patent für das neue Design seiner Lokomotive. Um Platz für den großen Kessel zu schaffen, verlegte er den Treibradsatz hinter den Stehkessel und ließ den Langkessel mit seiner Hauptlast auf den Laufradsätzen ruhen. Somit besaßen die Maschinen die Radsatzfolge 2A oder auch 3A, im Einzelfall auch 2'A mit Drehgestell. Als weiteres wichtiges Element kam eine möglichst tiefe Kessellage dazu. Es herrschte damals die merkwürdige und irreführende Ansicht vom Nutzen einer tiefen Schwerpunktlage vor, denn man hatte angeblich entdeckt, dass ein hoher Schwerpunkt vorwiegend die Ursache von Entgleisungen sei. Ferner sollte der tiefe Schwerpunkt gleichzeitig eine größere Laufruhe bewirken. Dieser tiefe Schwerpunkt ließ sich natürlich nur unter Beseitigung des hinderlichen großen Treibrades erreichen, welches dem Kessel im Wege war. Daher rückte es hinter den Stehkessel und meistens unter den Führerstand. Als Gesamtbild ergab sich so eine Dampflok, deren Kessel eben im Begriff war, zwischen Rahmen und Laufradsätze zu rutschen und dabei als Anhängsel ein riesiges Treibrad hinter sich herschleppte.

Eine typische französische Crampton der Bauart 2A im Eisenbahnmuseum Mulhouse: Die Nr. 80 »Le Continent« der Compagnie du Chemin de fer de Paris à Strasbourg, gebaut 1852 in Lizenz von Jean-François Cail.

Als großen Beitrag der Crampton-Lokomotive für die Entwicklung des Lokomotivbaus kann man die einfache glatte Stehkesseldecke nennen, welche durch Verlängerung des Langkessels gebildet wurde. Nicht weniger wichtig und daher ebenfalls hervorzuheben ist die einwandfreie Art der Kraftübertragung: Die Zylinder lagen nun zwischen den Laufradsätzen am Außenrahmen und somit fungierte der Rahmen als Kraftträger. Die dritte Neuerung lag in

Eine der schnellen 2A-Cramptons der Compagnie der Chemins de fer de l´Est, hier die Nr. 187.

Die modifizierte Nr. 604 (ex PLM Nr. 22 »La Belgique«, Cail 1857) der EST erreichte am 20. Juni 1890 eine Rekordgeschwindigkeit von 144 km/h.

den möglichst kurzen, wenig gekrümmten Dampfleitungen mit großem Querschnitt, um die Drosselverluste gering zu halten. Die günstig bemessenen Dampfleitungen trugen neben dem großen Treibraddurchmesser wesentlich dazu bei, dass die Crampton-Loks deutlich höhere Geschwindigkeiten erreichen konnten als andere zeitgenössische Konstruktionen. Das hervorstechende Merkmal fast aller Cramptons bildeten die Außenzylinder, denn nur konstruktiv aufwändig hätte die tiefe Kessellage Innenzylinder zugelassen.

1845 erhielt Crampton seinen ersten Auftrag für Maschinen nach seinem Patent. Die belgische Namur-Lüttich-Bahn hatte drei Exemplare bestellt mit 2,13 m großen Treibrädern und einem Rost mit 1,35 m², welche von Tulk und Ley in Whitehaven gebaut wurden. Eine der Loks wurde 1847 bei der London and North Western Railway (L&NWR) getestet, welche daraufhin selbst eine »Crampton« in Crewe in Auftrag gab. Noch zwei Exemplare dieses Typs stellte die L&NWR in Dienst, darunter eine 3A-Riesen-Crampton, gebaut in Liverpool von Bury, Curtis and Kennedy im Jahr 1848. Sie besaß bei einer Dienstlast von 36 t eine Heizfläche von 195 m², eine 2 m² große Rostfläche sowie einen Treibraddurchmesser von 2.438 mm. Mit sagenhaften 127 km/h beanspruchte sie bald einen neuen Rekord für sich. Er erfolgte auf einer 48 km langen Strecke, die mit einer Durchschnittsgeschwindigkeit von 85 km/h mit 60 t Anhängelast bewältigt wurde. Eine weitere, höchst anspruchsvolle Dauerleistung für die damalige Zeit stellte die Beförderung von acht Wagen über 26 km mit einer Durchschnittsgeschwindigkeit von 119 km/h dar.

Erstmals war es mit der Crampton-Maschine möglich, einen für damalige Verhältnisse hervorragenden Schnellverkehr aufzuziehen, da sie eine ausgesprochene Schnellläuferin war. Schnellzüge konnten auf einmal mit einer Durchschnittsgeschwindigkeit von 60 km/h befördert werden. Die Laufruhe wurde selbst bei

Auch eine klassische Crampton, die Nr. 607 der »Est« (Cail 1857), vormals die Nr. 25 »Le Danemark« der PLM.

Immer wieder schön anzuschauen: Die Crampton Nr. 606 (Cail 1857) der EST wurde 1869 ebenfalls von der PLM übernommen.

Geschwindigkeiten von über 100 km/h noch ausdrücklich gelobt, aber eigentlich selbstverständlich bei dem langen Radsatzstand. Allerdings galt die Crampton als eine reine Flachlandmaschine. Als Zuglok für schwere Lasten war diese Bauart dagegen nicht sehr geeignet, weil der schwache Radsatzdruck den Treibrädern beim Anfahren nicht genügend Reibung verlieh. Obwohl sie in England nur wenige Freunde gefunden hatte, liefen auf dem europäischen Schienennetz doch über 300 »Cramptons«.

In Frankreich feierte die Maschinen ihre größten Erfolge, speziell auf den Strecken der »Chemins de fer de l´Est« und der »Chemins de fer du Nord«. Bei letzterer Bahngesellschaft durften sie ab 1853 dank eines neuen Bremssystems bis zu 120 km/h planmäßig fahren. Und noch ein Rekord ist diesmal für eine französische Crampton verbucht: Die mit einigen Modifikationen versehene Nr. 604 »la Belgique« erreichte am 20. Juni 1890 zwischen Champigny-sur-Yonne und Pont-sur-Yonne eine Rekordgeschwindigkeit von 144 km/h. »Prendre le Crampton« war damals übrigens in Frankreich eine Redensart, die so viel bedeutete wie »den Zug nehmen«.

Schnelles Auftauchen und schnelles Verschwinden charakterisiert treffend das relative kurzlebige Dasein der Cramptons. So gab es z.B. nach 1864 in Deutschland keinen Neubau mehr. Die Ursache bildete die Erhöhung der Zuglasten und die dadurch erforderliche Steigerung der Zylinderzugkraft, wiederum verbunden mit der allgemeinen Erhöhung des Dampfdrucks auf 8 kp/cm². Zeigte bei den Loks der weit nach hinten geschobene Treibradsatz an sich schon – infolge der bei Nickschwingungen wechselnden Be- und Entlastungen – Probleme, so genügte bei schwereren Zügen alsbald ihre Zugkraft nicht mehr und sie neigten fortwährend zum Schleudern. Langsam aber sicher setzte sich schließlich die zweifach gekuppelte Dampflok durch, welche dann das 19. Jahrhundert überdauern sollte.

Die New York Central »999«

Für die vom 1. Mai bis zum 30. Oktober 1893 in Chicago stattfindende Weltausstellung (World´s Columbian Exposition) anlässlich des 400. Jahrestags der Entdeckung Amerikas durch Kolumbus ließ sich die New York Central & Hudson River Railroad (NYC) etwas ganz Besonderes einfallen.

Drei Tage nach ihrer Rekordfahrt konnte die »999« der New York Central & Hudson River Railroad am 13. Mai 1893 in Syracuse bewundert werden.

Die »999« im Museum of Science and Industry in Chicago, aber nicht mehr im Originalzustand, sondern mit kleineren Kuppelrädern und einem anderen Führerhaus.

Die »999« unter Volldampf mit dem »Empire State Express« bei ihrer Rekordfahrt am 10. Mai 1893.

Schon 1891 hatte NYC auf der 702 km langen Strecke zwischen New York und Buffalo mit dem »Empire State Express« einen neuen Zug eingeführt. Für eine werbewirksame Kampagne im Vorfeld der Weltausstellung in Chicago kam George Henry Daniels, der Verantwortliche der NYC für den Reiseverkehr, auf die Idee, mit dem Zug eine Rekordfahrt durchzuführen und die »magische« 100 mph-Grenze (161 km/h) zu überschreiten.

Nachdem der Präsident der New York Central, Cornelius Vanderbilt II, sowie die Direktion dem Vorhaben zugestimmt hatten, entstand unter der Leitung des NYC-Chefkonstrukteurs William Buchanan für diese Rekordfahrt eine besonders schnelle Lokomotive. Bei ihrem Bau orientierte er sich zunächst an den Vorbildern unter seiner Regie konstruierten Maschinen der »American«-Klasse mit der Radsatzfolge 2'B. Um die hohen Drehzahlen bei der ins Auge gefassten Geschwindigkeit besser bewältigen zu können, ließ er 2.184 mm große Treib- und Kuppelräder einbauen – so groß wie niemals zuvor bei einer »American«. Ferner wurden nun nicht mehr nur die Treibräder gebremst, sondern auch die Radsätze des Drehgestells, um bei hoher Geschwindigkeit eine bessere Abbremsung zu gewährleisten. Beim Kessel der »Wagon Top«-Bauart kam erstmals ein Kesseldruck von 13,1 bar zur Anwendung und die Feuerbüchse war mit einem sogenannten »Water Table« ausgerüstet, einer quer eingebauten, nach vorne geneigten flachen Wasserkammer zur deutlichen Vergrößerung der Strahlungsheizfläche. Zur Regelung diente eine herkömmliche innenliegende Stephenson-Steuerung mit Flachschiebern. Schließlich war die Lok im April 1893 fertiggestellt und erglänzte edel in ihrer schwarz-silbernen Lackierung. Zwar sollte sie zuerst die Nummer 1000 erhalten, doch letztendlich kam die einprägsamere Nummer 999 zum Zuge.

Anschließend folgten die ersten Probefahrten, natürlich unter höchster Geheimhaltung, um die Konkurrenz nicht aufzuschrecken. Am 9. Mai 1893 fand erstmals ein richtiger Testlauf mit dem »Empire State Express« zwischen Syracuse und Buffalo statt. Doch unterwegs sank der Kesseldruck und 25 Minuten wurden beim nächsten Halt benötigt, um entsprechend wieder »Dampf zu machen«. Mit Charlie Hogan am Regler ging es dann aber westlich von Rochester voll zur Sache. Die 999 brachte es auf der folgenden fünf Meilen langen, geraden Strecke erstmals auf unglaubliche 102 mph (= 164,15 km/h). Nach einer geruhsamen Rückkehr nach Syracuse sollte am nächsten Tag das eigentliche Spektakel erfolgen. George Daniels hatte vorab schon verschiedene Reporter eingeladen und ihnen ein Jahrhundertereignis versprochen. Der »Empire State Express« legte zwischen Syracuse und Buffalo nur einen Zwischenhalt in Rochester ein zum Wasserfassen und Fahrgäste aufnehmen. Erneut stand Charlie Hogan am Regler und war nach seinem Erfolg vom Vortag voller Tatendrang. Er wusste um den 14 Meilen langen Abschnitt westlich von Batavia, der extra für die Rekordfahrt noch einmal geschottert und ausgerichtet worden war. Kaum hatte der Zug Rochester verlassen, gab Hogan seiner »999« die Sporen. Nach Batavia betrug die Geschwindigkeit bereits 90 mph und die wilde Jagd ging richtig los. Die Stoppuhren wurden gezückt und die Sekunden pro Meile ausgerufen: »42 Sekunden, dann 41, 38, dann 35«, letzteres entsprach der Geschwindigkeit des Vortages. Ein Reporter einer Zeitung aus Buffalo schrieb nach der Fahrt: »Das Klicken der Schienenstöße klang wie Gewehrfeuer und die Telegraphenmasten entlang der Strecke erschienen auf einmal wie Latten an einem Zaun.« Eine weitere Meile zischte vorbei und auf einmal ertönte ein Triumphschrei: »31,5 Sekunden!« Die »999« hatte die sagenhafte Geschwindigkeit von 112,5 mph (= 181,05 km/h) erreicht.

Natürlich sind diese Geschwindigkeitsangaben mit einer gewissen Vorsicht zu genießen, denn genaue Methoden zur Geschwindigkeitsmessung mittels Messwagen gab es damals noch nicht. Gemessen wurde mit Stoppuhren von Meilenanzeiger zu Meilenanzeiger. Damit sind natürlich gewisse Ungenauigkeiten vorprogrammiert wie z.B. beim Drücken der Stoppuhr oder nicht exakt positionierte Meilenanzeiger o.ä. Nichtsdestoweniger wurde die 999 wie ein Star gefeiert. Die Nachricht von dem erstaunlichen Rekord wurde sofort in alle Richtungen telegrafiert und am folgenden Tag verkündeten Zeitungen auf der ganzen Welt die dramatische Leistung in Schlagzeilen. »Der Welt schnellste Lokomotive« bildete dann natürlich das »Herzstück« der Chicagoer Expo und wurde anschließend im ganzen Land präsentiert.

Bis 1899 fuhr die Maschine noch vor dem »Empire State Express« und anderen Schnellzügen. Bald zeigten sich im Planbetrieb aber die Schwächen bei der Anfahrzugkraft, bedingt durch die riesigen Treibräder. Für leichtere Züge war die Lok jedoch zu groß und damit zu unwirtschaftlich. Um 1900 erfolgte ein großer Umbau, wobei sie nur noch 1.778 mm hohe Treibräder und auf 914 mm verkleinerte Laufräder erhielt, ihr Kesseldruck wurde auf 12,4 bar reduziert und ihr Tender durch ein moderneres Modell ersetzt. 1906 gab es einen neuen Kessel und noch später ersetzte man das Holz- durch ein Metallführerhaus. Auch verpasste man ihr die neue Nummer 1086. So fuhr sie bis 1924 im gemischten Dienst auf Sekundärstrecken. Eigentlich sollte sie nun ausgemustert und verschrottet werden, doch gerade noch rechtzeitig erkannte ein versierter Bahnangestellter den historischen Wert. So wurde sie wieder restauriert, erhielt ihren alten Tender zurück und begann als Museumsstück eine neue Karriere. Doch mit dem Original hatte die »neue« 999 nur noch wenig gemeinsam, da ihre ursprünglichen Proportionen wegen der kleineren Räder und dem größeren Kessel nun stark verändert waren. So blieb die 999 weiter in Betrieb und durfte sich sogar noch auf einigen Ausstellungen präsentieren wie 1933 in Chicago auf der »Century of Progress World´s Fair«, 1938 auf der Weltausstellung in New York und 1948 auf der »Chicago Railroad Fair«. Schließlich wurde sie 1952 nach einer Nachstellung ihrer Rekordfahrt ausgemustert. 1962 wurde sie vom Museum of Science and Industry in Chicago erworben und zunächst im Außenbereich aufgestellt. Von Juni bis Oktober 1993 erfolgte dann eine komplette Restaurierung und sie fand danach einen Ehrenplatz im Innern des Museums.

Nach der Jahrhundertwende wies der »Empire State Express« eine höhere Anhängelast mit mehr Wagen auf, so dass nun eine stärkere 2’B1’-Maschine vorgespannt werden musste. Hier führt die »3847« der NYC den »Empire State Express« durch die Washington Street in Syracuse im Staat New York.

Preußen floppt mit der S 9 »Altona 561«

Anlass für den Bau schneller fahrender Dampfloks waren die ab 1901 mit den elektrischen Schnelltriebwagen von AEG und Siemens & Halske durchgeführten Schnellfahrversuche mit bis zu 210 km/h.

Gewöhnungsbedürftig wirkt sie schon, die Versuchslok »Altona 561« der Bauart S 9, und die Assoziation eines »Möbelwagens« liegt durchaus nahe.

In Marienfelde hatte die breite Öffentlichkeit erstmals deutlich erfahren, welche Konkurrenz dem Dampfbetrieb mit elektrischen Zügen erwachsen konnte. Daher sollte die Dampflok schleunigst beweisen, dass auch mir ihr hohe Geschwindigkeiten zu leisten sind. So veranlasste das Preußische Ministerium der öffentlichen Arbeiten die Firma Henschel, für die Staatsbahn zwei Versuchsloks zu bauen. Sie basierten auf dem zu überarbeitenden Entwurf ihres Oberingenieurs Michael Kuhn aus dem Jahre 1902 für eine 2'B2'h3v-Schlepptenderlokomotive. Bei dieser Konstruktion wirkte maßgeblich der Geheime Baurat Gustav Wittfeld mit, der seine Version eines Dreizylinder-Verbundtriebwerks durchsetzte – bedauerlicherweise allerdings mit Nassdampf. Die beiden im Frühjahr 1904 fertiggestellten Maschinen wiesen erhebliche äußerliche Unterschiede auf. Die erste Lok (S 9 Altona 561) war vom Laufblech an aufwärts einschließlich Tender verkleidet. Vor der Rauchkammer befand sich ein zweiter Führerstand mit »windschnittiger Verkleidung« in der Form eines gleichschenkligen Dreiecks. Diese »Verkleidung« entsprach wohl den damaligen Vorstellungen einer schnellfahrenden Dampflok, wirkte auf den Betrachter aber eher wie ein »Möbelwagen«. Die zweite Versuchslok (S 9 Altona 562) besaß nur den windschnittig verkleideten zweiten Führerstand. Auf den Rest hatte man verzichtet. Beide Kessel der Versuchsloks mit einem Kesseldruck von 14 atü verfügten über eine enorme Rostfläche von 4,39 m² und die noch gewaltigere Heizfläche von fast 260 m². Beim Dreizylinder-Nassdampfverbundtriebwerk wiesen die beiden außenliegenden Niederdruckzylinder die gleichen Abmessungen auf wie der innenliegende Hochdruckzylinder. Dabei wirkten die Außenzylinder auf den zweiten, der Innenzylinder auf

Die zweite Versuchslok der Bauart S 9, die teilverkleidete »Altona 562«.

Zurückgebaut in einen »Normalzustand« wirkt die ehemalige »Altona 561« nun als S 9 »Hannover 999« eher etwa schwanzlastig.

den ersten Kuppelradsatz. Mit einem Durchmesser von 2.200 mm waren die Treibräder ungewöhnlich hoch ausgeführt.

Der Rest ist schnell erzählt: Die 1904 stattgefundenen Schnellfahrten mit der »Altona 561« wurden ein Flop aufgrund diverser Konstruktionsfehler. Misslungen war vor allem das Dreizylinder-Verbundtriebwerk, denn die Zylinderdurchmesser waren mit 524 mm für die riesige S 9 viel zu klein. Auch die zunächst gewählte Kurbelstellung sorgte für einen äußerst unruhigen Lauf der Lok bei höheren Geschwindigkeiten, da die beiden Außenzylinder ohne Kurbelversetzung arbeiteten. In weiter Ferne blieb daher die angestrebte Höchstgeschwindigkeit von 150 km/h, denn bei den ersten Schnellfahrversuchen zwischen Marienfelde und Zossen kam die S 9 mit einer Last von 221 t nicht über 128 km/h hinaus. Diese Geschwindigkeit konnte bei gleicher Anhängelast auch die rund 45 t leichtere S 4 (2'Bh2) erreichen. Immerhin konnte die S 9 die S 7 Bauart Hannover (2'B1'n4v) um sagenhafte 10 km/h übertreffen. Mit einer verminderten Zuglast von 109 t sah das Bild auch nicht viel besser aus: Die »Altona 561« kam nun auf stolze 137 km/h und lag damit gerade 1 km/h über der S 4 und noch einmal 10 km/h über der S 7. Nach diesen enttäuschenden Ergebnissen durfte sie an den folgenden Schnellfahrversuchen auf der 243 km langen Strecke Spandau – Hannover gar nicht mehr teilnehmen. Beide Versuchsloks gingen anschließend in den normalen Betriebsdienst und mussten bald nach Ende des Ersten Weltkriegs den Dienst quittieren.

Bayern toppt mit der S 2/6

Anfang des 20. Jahrhunderts sorgten Schnellfahrversuche für Aufsehen auf den Schienen verschiedener deutscher Staatsbahnen. Auch die Bayerische Staatsbahn (K.Bay.Sts.B.) gab im Zuge dieses »Geschwindigkeitsrausches« im Jahr 1905 eine Schnellfahrlokomotive bei der bayerischen Lokomotivschmiede Maffei in Auftrag.

Ab Mai 1906 präsentierte sich die fabrikneue S 2/6 3201 auf der Landesausstellung in Nürnberg.

Ein letztes Mal vor der Übergabe an das Nürnberger Verkehrsmuseum ließ sich die S 2/6 im Jahr 1925 auf der Verkehrsausstellung in München von dem staunenden Publikum bewundern.

Der dortige geniale Chefkonstrukteur Anton Hammel bildete dann die treibende Kraft für eine heutzutage unvorstellbare Leistung: Nach dem Bestelleingang im Dezember 1905 konnte gerade nach nur vier Monaten Konstruktions- und Bauzeit schon am 30. April 1906 die neue Lokomotive der Gattung S 2/6 erstmals unter Dampf gesetzt werden. Ihre konstruktiven Merkmale sollten in der Dampflokgeschichte einen Meilenstein setzen, die ihrer Zeit um Jahre voraus waren. Versehen mit der Betriebsnummer 3201 war eine 2'B2'-Heißdampfverbundlokomotive mit Barrenrahmen, 150 km/h Höchstgeschwindigkeit und 16 Tonnen Radsatzfahrmasse entstanden. Neuartig waren u.a. das Fahrwerkskonzept mit den für die Spurführung verantwortlichen Vor- und Nachlaufdrehgestellen sowie die Ausbildung des Tenderwasserkastens als eine selbsttragende Konstruktion. Obwohl die Lok keine stromlinienförmige Komplettverkleidung besaß, gab es doch einige Elemente, welche den Luftwiderstand reduzieren sollten. Vor den Zylindern befand sich eine gewölbte Verkleidung, die Rauchkammertür war kegelförmig ausgeführt, Schornstein und Dampfdom erhielten Windschneiden. Das Führerhaus war ebenfalls strömungsgünstig ausgebildet und ging stufenlos in die Kesselverkleidung über.

Ihren ersten Auftritt hatte Hammels Lokomotive in Nürnberg, wohin sie am 3. Mai 1906 überführt wurde. Pünktlich präsentierte sie sich zur Eröffnung der Landesausstellung und genoss zurecht die Bewunderung des interessierten Publikums. Schließlich bildete die »Maffei´sche Riesenlokomotive« die damals größte je gebaute Lokomotive. Ab dem 21. Oktober 1906 stand sie schließlich der Bayerischen Staatsbahn zur Verfügung, wo sie sogleich ausgiebig erprobt wurde. Von Beginn an erfüllte sie alle Erwartungen, wurde am 6. Mai 1907 endgültig abgenommen und begann im darauffolgenden Juni mit umfangreichen Schnellfahrversuchen.

Im Juli 1907 erreichte die Maschine mit einem 150 Tonnen schweren Versuchszug auf der Strecke München – Augsburg die Höchstgeschwindigkeit von 154,5 km/h und damit den ersten akribisch dokumentierten Geschwindigkeitsweltrekord. Dies kommentierte der Eichstätter Kurier vom 5. Juli 1907 wie folgt:
»Am 1. und 2. Juli wurden mit einer von der Firma J. A. Maffei in München gebauten Vierzylinderverbund-Schnellzuglokomotive S 2/6 auf der Linie München – Augsburg Schnellfahrten mit sehr günstigem Ergebnis veranstaltet. Die Lokomotive beförderte einen Wagenzug von 150 t Gewicht mit einer durchschnittlichen Geschwindigkeit von 130 km/h. Längere Zeit hindurch erreichte sie eine Geschwindigkeit von 154,5 km/h, somit 4,5 km/h mehr, als die Fa. Maffei garantiert hatte. Es dürfte dies wohl die größte Geschwindigkeit sein, die jemals in Europa mit einer Dampflokomotive

gefahren wurde. Der Gang der Maschine war dabei bemerkenswert ruhig und die Dampferzeugung trotz der hohen, rund 2.000 PS betragenden Arbeitsleistung so reichlich, dass die Fahrt mit gleicher Geschwindigkeit noch längere Zeit hätte fortgesetzt werden können ...«

Ob es sich nun tatsächlich um einen Weltrekord handelte, sei dahingestellt. Schließlich hatten die US-Amerikaner den Weltrekord schon 1893 mit 112,5 mph (181,05 km/h) für sich reklamiert, allerdings eben nur mit Stoppuhren gemessen. Auch die Engländer hatten zwei Jahre zuvor den europäischen Rekord an ihre Fahnen geheftet: Die englische Zweizylinder-Nassdampflok »City of Truro« der Great Western Railway (GWR) hatte am 9. Mai 1904 einen 150 t schweren Zug von London nach Plymouth befördert und angeblich dabei bei Wellington Bank eine Geschwindigkeit von 102,3 mph (164,6 km/h) erreicht. Ein Zeitnehmer hatte diese Geschwindigkeit erneut nur mit einer Stoppuhr ermittelt und zudem fand das Ganze in einem Gefälle von 11 bis 12,5 ‰ statt. Deutsche Gründlichkeit legte aber bei Schnellfahrten exakte Vorgaben zugrunde: Eine Rekordfahrt musste demnach auf einer horizontalen Strecke mit definierter Last durchgeführt und von einem Messwagen genauestens protokolliert werden.

Dagegen bildete der am 2. Juli 1907 aufgestellte, damalige deutsche Rekord durch die S 2/6 auch die weltweit erste protokollarisch bestätigte Fahrt, bei der mit reiner Dampfkraft auf Horizontalfahrt unter Last die 150 km/h-Geschwindigkeitsmarke überschritten und die Höchstgeschwindigkeit dank ausreichender Kesselleistung dauerhaft konstant gehalten werden konnte. Beteiligte der Rekordfahrt waren sogar der Meinung, dass noch höhere Geschwindigkeiten möglich gewesen wären. Doch leider hatte Lokführer Johann Zuschanko wegen einer Kurve abbremsen müssen. Dies gehört allerdings ins Reich der Spekulationen ...

Nach den Rekordfahrten war die Lok zunächst in München beheimatet, kam 1910 nach Ludwigshafen und lief von dort zunächst vor Schnellzügen nach Straßburg und Bingerbrück. 1922 gelangte sie zurück nach München, ab 1923 war sie in Augsburg stationiert. Ihre DRG-Betriebsnummer 15 001 hat sie nie getragen, denn schon 1925 erhielt das Einzelstück einen Ehrenplatz im Verkehrsmuseum Nürnberg. Und so spielte die S 2/6 in ihrer Geschichte ohne Zweifel eine tragische Doppelrolle: Zwar war sie 1906 technisch ihrer Zeit weit voraus und entsprach in ihrer Ausführung perfekt dem Pflichtenheft, doch ihre Konzeption war bereits nach sehr kurzer Einsatzdauer von den sich rasch ändernden Rahmenbedingungen überholt. Denn mit der Ausnahme von wenigen Betriebsjahren in der Pfalz sah sich die S 2/6 bald in eine Nebenrolle als ungeliebte Einzelgängerin gedrängt. Abgesehen von den Rekordfahrten des Jahres 1907 blieb sie somit eine von der Zeit schnell überholte Konstruktion, wurde nie in Serie gebaut und verschwand nach wenigen Jahren aus dem Betriebsdienst. Doch ihre historische Bedeutung liegt nicht in ihrer betrieblichen Laufbahn sondern in ihrer technologischen und konzeptionellen Vorreiterrolle begründet, welche nicht nur den Lokomotivbau nachhaltig beeinflusste.

Perfekt ausgeleuchtet zeigen sich die markanten Konturen der S 2/6 mit ihren 2.200 mm großen Treib- und Kuppelrädern.

Das Blaue Band für Deutschland – die 05 002

Für Geschwindigkeiten von 150 km/h im Versuchs- wie auch im planmäßigen Verkehr entstanden 1935 bei Borsig zwei Schnellfahrlokomotiven mit der Achsfolge 2'C2' und einer Stromlinienvollverkleidung. Vorangegangen waren Versuche mit teil- bzw. vollverkleideten Serienmaschinen der Baureihe 03 sowie Windkanal-Untersuchungen.

Die 05 001 als schnellste Stromlinienlokomotive der DRG bei der Auslieferung in den Borsigwerken in Berlin-Tegel im März 1936. Die riesigen Ausmaße der Maschine mit einer Länge von 26 m veranschaulichen deutlich die am Bau beteiligten Mitarbeiter vor ihrer Lokomotive.

Ingenieure von Borsig und der DRG fanden schließlich im Windkanal der Technischen Hochschule Berlin-Charlottenburg und der Universität Göttingen anhand von Modellen die optimale Form der Stromlinienverkleidung. Ab dem 8. März 1935 stand der LVA Grunewald die 05 001 zur Verfügung, die 05 002 folgte am 17. Mai 1935. Die weinrot lackierten Maschinen sprengten alle bis dahin gültigen Normen der Einheitsloks. Die Treib- und Kuppelräder maßen 2.300 mm, drei Zylinder sorgten für den Antrieb des zweiten Kuppelradsatzes (Außenzylinder) bzw. des ersten Kuppelradsatzes (Innenzylinder). Die Lokomotiven waren für 175 km/h Höchstgeschwindigkeit zugelassen und leisteten rund 3.400 PS. Beide Maschinen absolvierten bei der Lokomotiv-Versuchsabteilung (LVA) Grunewald ein umfangreiches Testprogramm, bei denen die Edelrenner bis zu 180 km/h erreichten. Neben Leistungs- und Fahrversuchen wurde auch die Bremstechnik der Loks gründlich in Augenschein genommen.

Eine fast perfekte Illusion: Die 05 001 war am 30. Mai 1963 auf dem Weg nach Nürnberg im Pegnitztal unterwegs. Die Reise führte die Maschine ins Verkehrsmuseum, wo sie heute zu den Glanzstücken der Sammlung gehört.

Die Weltrekordfahrt der 05 002

»Die Deutsche Reichsbahn gab am 09. und 11. Mai d. J. (1936) zahlreichen Vertretern des Heeres, der Flotte und der Luftwaffe, des Richterstandes sowie der Partei (NSDAP) Gelegenheit, auf einer Rundfahrt die neuesten Reichsbahn-Schnellfahrzeuge kennenzulernen.« Mit diesen Worten begann der Beitrag in der »Reichsbahn« über die besondere Rundreise, in deren Verlauf die 05 002 einen Weltrekord für Dampflokomotiven aufstellte. Die Liste der geladenen Fahrgäste enthielt zahlreiche bekannte Namen des NS-Staates, dazu zählten u.a. Martin Bormann (Reichsleiter der NSDAP), Heinrich Himmler (Reichsführer SS), Reinhard Heydrich (Chef der Sipo) sowie Fritz Todt (Generalinspektor für das Straßenwesen) und Adolf Hühnlein (Korpsführer des Nationalsozialistischen Kraftfahrkorps). Natürlich gehörten auch Reichsbahn-Generaldirektor Julius Dorpmüller und Reichsverkehrsminister

Ein großartiges Zeugnis des deutschen Lokomotivbaus: Die 05 002, welche am 11. Mai 1936 mit 200,4 km/h den Weltrekord für Dampfloks nach Deutschland holte.

Paul von Eltz-Rübenach zu den Fahrgästen. In mehreren Etappen ging diese Fahrt von Berlin über Stendal nach Hannover und von dort über Bremen nach Hamburg. In der Elbmetropole wartete schließlich 05 002 mit ihrem Zug, um die Reisenden wieder zurück in die Reichshauptstadt zu bringen. Der Zug bestand aus drei D-Zugwagen sowie einem Messwagen mit einer Anhängelast von 197 t. Dies war ein Zufall, denn normalerweise hätte der Zug aus fünf Wagen bestanden, doch am Tag zuvor hatte es an einem Wagen einen Heißläufer gegeben. Bei den zuvor absolvierten Versuchsfahrten mit den Fünf-Wagen-Zügen mit einer Masse von rund 250 t hatte die 05 002 Geschwindigkeiten bis zu 195,7 km/h erreicht.

Ebenso war es Zufall, dass der Zug an diesem Tag an der Einfahrt zum Bahnhof Wittenberge für etwas mehr als zwei Minuten halten musste. Da der Fahrplan gehalten werden sollte, musste auf dem anschließenden Abschnitt eine Geschwindigkeit von mehr als 180 km/h gefahren werden. Bei der Weiterfahrt beschleunigte Lokführer Oscar Langhans – unterstützt von seinem Heizer Ernst Höhne – den Zug so schnell wie möglich. Rasch zeigte der Geschwindigkeitsmesser 150 km/h, die gehalten wurden, bis die Langsamfahrstellen beim Bahnhof Zernitz passiert waren. Nun erhielt das Lokpersonal die Genehmigung, die Maschine bis zur Höchstgeschwindigkeit zu beschleunigen. Schließlich lag die Nadel des Geschwindigkeitsmessers auf dem Streckenstück zwischen Friesack und Vietznitz am Anschlag – 200 km/h waren erreicht und sogar leicht überschritten! Dabei erzeugte die Dampfmaschine eine Leistung von 3.400 PSi. Als sich der Zug Paulinenaue näherte, wo einige Kurven durchfahren werden mussten, reduzierte Lokführer Langhans die Geschwindigkeit auf 170 km/h.

Weil ab 200 km/h keine Werte für die Geschwindigkeit mehr ermittelt werden konnten, nutzten die Messingenieure die klassische Weg-/Zeitmessung. Da der Zug fünf Kilometer in weniger als 90 Sekunden durchfahren hatte, errechnete man den Rekordwert von 200,4 km/h. Außerdem war dabei ein 558 Meter langer Abschnitt in zehn Sekunden passiert worden. Dies ergab sogar einen Wert von 201 km/h, der damals auch in den Zeitungen zu lesen war.

Anschließend setzte die DRG einer der beiden 05er auf der Strecke Hamburg – Berlin im Plandienst ein. Das Bw Altona bespannte ab Ende Mai 1936 planmäßig das Fernschnellzugpaar FD 23/24 zwischen der Hansestadt und der Spreemetropole mit einer 05, welches zuvor von den SVT der Bauart »Hamburg« gefahren worden war.

Die 05 003

Schon bei der Präsentation der Entwürfe für die 05 001 und 002 waren Bedenken laut geworden, ob den Lokmannschaften bei 175 km/h noch eine ausreichende Strecken- und Signalbeobachtung möglich sei. Daher verlangten die Entscheidungsträger, eine dritte Lokomotive mit gleicher Leistung zu entwickeln, bei welcher sich der Führerstand wie bei den Elloks an der Stirnfront befinden sollte. Somit bestellte die DRG 1934 bei Borsig noch eine dritte Schnellfahrlok als 05 003 mit vorne liegendem Führerstand. Da Lokführer und Heizer nicht getrennt werden sollten, entwarfen die Borsig-Konstrukteure eine 2'C2'h3-Maschine, welche mit dem Stehkessel voran in der Hauptfahrtrichtung rückwärts lief, während der Tender hinter der Rauchkammer angekuppelt war. Diese Konstruktion ließ allerdings nur eine Ölhauptfeuerung oder eine Kohlenstaubfeuerung zu. Da eine Ölfeuerung mit Rücksicht auf die damalige Rohstofflage nicht in Betracht kam, wurde beschlossen, die Lok mit einer Steinkohlenstaubfeuerung auszurüsten. Schwierigkeiten mit der Verbrennung ließen aber das Erreichen der vorgesehenen Geschwindigkeit nicht zu und grundlegende Modifikationen verhinderte schließlich der Zweite Weltkrieg. So blieb die Lok lange Zeit abgestellt. Als sich jedoch der Lokmangel im Sommer 1944 heftig verschärfte, erinnerte man sich auch der 05 003 und ließ sie noch bis 14. Februar 1945 in Normalausführung für Stückkohlefeuerung in Hennigsdorf umbauen.

Alle drei Maschinen blieben nach dem Krieg im Westen und wurden 1950/51 bei Krauss-Maffei hauptuntersucht. Dabei verloren die 05 001 und 002 ihre Stromschale und alle Loks gelangten mit vermindertem Kesseldruck (16 kp/cm² statt 20 kp/cm²) wieder in Betrieb. Eine neue Heimat fanden sie beim Bw Hamm und wurde nun richtig hergenommen. Die Loks erhielten einen dreitägigen Dienstplan und hatten ab 1951 den längsten Durchlauf zwischen Hamburg und Köln mit 478 km. Ab 1953 liefen sie sogar kurzfristig für ein Jahr zwischen Hamburg und Frankfurt (Main) satte 703 km. Zu dieser Zeit erbrachten die Maschinen auch ihre Höchstleistungen. Im Sommer 1955 glänzten die Maschinen im F-Zugdienst mit den F 1/2 »Hanseat«, den F 13/14 »Dompfeil« und dem F 16 »Sachsenross«. Eine lange Lebensdauer war ihnen allerdings nicht mehr beschieden, denn als Splittergattung standen sie auf der Abschussliste. Bereits acht Jahre später hatten die Maschinen ausgedient. Der 05 001 blieb aber der Weg zum Schrottplatz erspart. Die DB ließ die Lok wieder mit einer halbseitigen Stromlinienverkleidung ausrüsten. Seither kann sie im Nürnberger Verkehrsmuseum bewundert werden.

Nicht die Erwartungen erfüllen konnte die 05 003 mit vorne liegendem Führerstand.

Die »Mallard« schlägt zurück – Gresleys A4-Pazifiks

Die schnellen Pazifiks der London and North Eastern Railway (LNER) waren vermutlich die bekanntesten Konstruktionen aller LNER-Lokomotiven. Und von diesen war wiederum die A4 die bekannteste aller Pazifiks. Ihre außergewöhnliche Stromlinienverkleidung wurde zu einem Symbol für den Luxus und die Faszination der Geschwindigkeit in den 1930er Jahren. Bis heute hält die A4 4468 »Mallard« den Geschwindigkeitsweltrekord für Dampflokomotiven.

Mit einem Sonderzug von London Kings Cross nach Lincoln am 8. Dezember 2012 beschleunigt die ex-LNER A4 60009 »Union of South« bei Spalding heftig nach einer Langsamfahrstelle.

Konstrukteur der Schnellzugdampflok mit der Achsfolge 2'C1' war der langjährige Chief Mechanical Engineer (CME) der LNER, Sir Herbert Nigel Gresley (1876–1941). Er zählt zu den bedeutendsten Dampflok-Konstrukteuren Großbritanniens und erfand unter anderem die Gresley-Steuerung für den Innenzylinder von Drillingstriebwerken.

In den 1930er Jahren sahen sich auch in Großbritannien die Eisenbahnen zunehmend der wachsenden Konkurrenz von Straßen- und Luftverkehr ausgesetzt. Es wurde deutlich, dass der Eisenbahnverkehr zwischen den wichtigsten Städten schneller, zuverlässiger und komfortabler werden musste. Gleichzeitig beherrschten einige Hochgeschwindigkeits-Dieseltriebzüge die Schlagzeilen in aller Welt. Im Mai 1933 stellte die Deutsche Reichsbahn-Gesellschaft den dieselelektrischen Triebwagen »Fliegender Hamburger« in Dienst, der über längere Streckenabschnitte fahrplanmäßig eine Höchstgeschwindigkeit von 140 km/h halten musste. Im Jahr 1934 erreichte der »Pioneer Zephyr« der Chicago, Burlington and Quincy Railroad (CB&Q) auf einem kurzen Abschnitt die angebliche Geschwindigkeit von 112,5 mph (181 km/h) auf seiner 1.015 Meilen (1.633 km) langen und nur 13 Std. und 5 Min. währenden Non-Stopp-Fahrt von Denver nach Chicago (Durchschnittsgeschwindigkeit 77 mph = 124 km/h).

Eine Schwesterlok der »Mallard«, die A4 »Bittern« zu Gast auf der Museumsbahn Severn Valley Railway am 25. März 2012.

Gresley reiste mit dem Fliegenden Hamburger und war beeindruckt von dessen Stromliniengestaltung, doch er erkannte, dass diese nur bei hohen Geschwindigkeiten von Nutzen war. Anschlie-

Mit einem ordentlichen Sonderzug am Haken zieht die 60007 »Sir Nigel Gresley« (ex LNER Class A4 4498) bei Danesmoor am 28. Februar 2009 ihres Weges.

ßend ging er daran, seine A3-Konstruktion technisch zu verändern und stromlinienförmig zu gestalten, um Züge mit acht oder neun Wagen mit ähnlichen Geschwindigkeiten befördern zu können. Sowohl der Fliegende Hamburger als auch der »Pioneer Zephyr« waren erheblich kürzer, denn sie bestanden lediglich aus zwei bzw. drei Einheiten. Eine Reihe von Testfahrten wurde unternommen, die bestätigten sollten, dass eine überarbeitete Konstruktion der A3 ausreichend sein würde. Während dieser Fahrten durchbrach die A1 »Flying Scotsman« die 100 mph-Grenze und die A3 »Papyrus« erreichte kurzzeitig sogar 108 mph (174 km/h) und kam der Reisegeschwindigkeit des Fliegenden Hamburgers ziemlich nahe, aber mit einer höheren Anhängelast.

Mit diesen Testfahrten in der Tasche erteilte das LNER-Direktorium die Genehmigung zum Bau der Silver Jubilee-Stromlinienzüge für die 432 km lange Verbindung London – Newcastle, die 1935 zum 25. Thronjubiläum von König Georg V. eingeführt werden sollten. Der als Stromlinienzug ausgebildete »Silver Jubilee« umfasste drei Einheiten: Zwei Einheiten bestanden aus je zwei Wagen, die auf einem mittigen Jakobsdrehgestell ruhten, und die dritte mit drei Wagen lief auf zwei Jakobsdrehgestellen. Die Fahrzeuge erhielten strömungsgünstige Schürzen, ein weitgehend glattes Äußeres sowie geschlossene Wagenübergänge. In ihnen fanden 198 Fahrgäste Platz. Die keilförmige Stromliniengestaltung der hierzu neu konzipierten Pazifik-Dampflok der LNER-Reihe A4

Während der LNER-Gala auf der Museumsbahn North Yorkshire Moors Railway gaben sich in Grosmont am 4. April 2008 gleich drei A4 ein Stelldichein: von links nach rechts die 60009 »Union of South Africa«, 60007 »Sir Nigel Gresley« und 60019 »Bittern«, alle mit entfernter Triebwerksverkleidung.

war von einem Bugatti-Triebwagen beeinflusst, den Gresley in Frankreich besichtigt hatte. Endgültig festgelegt wurde die Stromlinienform nach Windkanalversuchen im National Physical Laboratory (NPL) in Teddington mit der Unterstützung von Prof. Dalby. Gegenüber der A3-Konstruktion optimierte man die Dampfwege mit größeren Ventilöffnungen, erhöhte den Kesseldruck von 220 auf 250 psi, installierte eine Verbrennungskammer und verkleinerte die Zylinder, so dass der Ventildurchmesser vergrößert werden konnte. Damit erreichte man eine gleichmäßige Dampfverteilung innerhalb der Dreizylinder-Konstruktion und gleichzeitig eine bessere Laufruhe. Wie bei der A3 kam für die äußeren Zylinder eine Walschaert-Steuerung zur Anwendung und die Gresley-Steuerung für den Innenzylinder. Spätere Zugaben waren eine Kylchap-Saugzuganlage und eine Bremsanlage nach dem System Westinghouse. Mit all diesen Maßnahmen stieg die Leistung von etwa 2.250 PS bei der A3 auf über 2.700 PS.

Bei einer Vorstellungsfahrt des »Silver Jubilee« von Kings Cross nach Grantham am 27. September 1935 wurden 112,5 mph (181,05 km/h) erreicht. Der erste planmäßige Zug rollte am 1. Oktober 1935, gezogen von der 2509 »Silver Link«. Weitere drei Loks (2510-2512) wurden zunächst für die Silver Jubilee-Verbindung nach Newcastle gebaut. Sie war ein großer Erfolg, denn sie verringerte die Reisezeit zwischen Kings Cross und Newcastle auf exakt vier Stunden und sie war extrem zuverlässig. Ihre Pünktlichkeit war so groß, dass nach der Legende die Menschen in York ihre Uhren nach dem charakteristischen glockenspielartigen Pfiff der A4 des Silver Jubilee stellten, wenn dieser in den Bahnhof von York einfuhr. Mit diesem Erfolg verlängerte die LNER den Zug bald bis Edinburgh und nahm 1937 eine weitere Verbindung nach Leeds und Bradford in Betrieb. Hierfür entstanden zwischen 1936 bis 1938 in drei Serien weitere 31 Exemplare der A4 mit den Nummern 4462-4469, 4482-4500 und 4900-4903.

BITTERN
Nº4464
CLASS

Ein seltenes Zusammentreffen der wieder in Ursprungsausführung befindlichen A4 »Bittern« und »Mallard« in Barrow Hill am 13. April 2012.

Doch die rivalisierende London, Midland and Scottish Railway (LMS) konterte mit dem von William Stanier entworfenen Stromlinienzug »Coronation Scot«, der am 28. Juni 1937 einen neuen Geschwindigkeitsrekord von 114 mph (183,5 km/h) aufstellte. Zwar versuchte die LNER zwei Tage später bei einer Presse- und Werbefahrt für ihren neuen »Coronation«, gezogen von 4489 »Dominion of Canada«, den Rekord zurückzugewinnen. Unglücklicherweise erreichte die Maschine bei Stoke Bank nur 109,5 mph (176,2 km/h).

Aber Gresley und LNER gaben nicht auf. Im Rahmen von Versuchsfahrten mit dem neuen Westinghouse-Bremssystem sollte am 3. Juli 1938 unter größter Geheimhaltung ein neuer Rekordversuch stattfinden. Die Mitarbeiter von Westinghouse staunten nicht schlecht, denn einige Reisezugwagen waren entfernt und durch einen Messwagen ersetzt worden. Auch eine andere Zuglok stand an der Spitze – die nur vier Monate alte 4468 »Mallard«, die als erste A4 mit einer Kylchap-Saugzuganlage ausgerüstet worden war.

Als Gastlok auf der Museumsbahn von Torbay nach Kingswear war die A4 »Bittern« am 16. September 2014 anzutreffen.

Als Lokführer fungierte der extra herbeigeholte Joseph Duddington aus Doncaster, der im Ruf stand, bei Bedarf die Maschinen extrem zu fordern. Ihm zur Seite standen der Heizer Thomas Bray und der Inspektor J. Jenkins. Die Hinfahrt bestand aus konventionellen Bremstests. In Barkston erhielten die Westinghouse-Mitarbeiter die Möglichkeit, ein Taxi nach Peterborough zu nehmen – dies lehnten alle ab! Das mittlere, große Lager wurde in Zylinderöl ertränkt und die Rückfahrt begann. Grantham wurde mit 24 mph (38,6 km/h) passiert. Am Posten Stoke lagen 74,5 mph (119,9 km/h) an bei vollständig geöffnetem Regler und 40 % Füllung. Beim Meilenpfosten 94 wurden 116 mph (186,7 km/h) aufgezeichnet zusammen mit einer Leistung am Zughaken von 1.800 PS. 120 mph (193,1 km/h) waren zwischen den Meilenpfosten 92,75 und 89,75 erreicht und für eine kurze Strecke von 306 Yards (280 m) im Gefälle bei Stoke Bank stand die Tachonadel kurzzeitig bei 125 mph (201,2 km/h).

Auf den Messtreifen war auch ein minimaler Ausschlag bei 126 mph zu sehen, und diese Geschwindigkeit fand sich später in einigen inoffiziellen Berichten. 126 mph war auch die Geschwindigkeit, die in die Plakette eingraviert wurde, die British Rail 1948 an der Mallard montierte.

Mit Volldampf vor einem Sonderzug passiert die 4468 »Mallard« den Bahnhof Brightside im Frühjahr 1987.

Mit dem »Atlantic Coast Express« am Haken fährt die »Mallard« 1948 mit neuer Nummer 22 und ohne Triebwerksverkleidung in den Londoner Bahnhof Waterloo ein.

Gresley akzeptierte niemals diese Geschwindigkeit, er hielt sie für irreführend. Die LNER beanspruchte nur eine Höchstgeschwindigkeit von 125 mph. Doch auch so hatte die Bahngesellschaft den bislang von der Deutschen Reichsbahn gehaltenen Weltrekord für Dampflokomotiven (124,5 mph) und den britischen Rekord der LMS (114 mph) gebrochen. Als die »Mallard« in Peterborough eintraf, stellte man fest, dass sich das mittlere Treibstangenlager stark überhitzt hatte. Das defekte Lager wurde aber schnell wieder ausgegossen, so dass die Lok innerhalb von neun Tagen wieder für den normalen Dienst zur Verfügung stand.

Doch der Rekord warf Zweifel auf: Er wurde auf einer Strecke mit einer Neigung von 1:178 bis 1:200 erreicht, die Geschwindigkeitsmessungen ließen Ungenauigkeiten vermuten und der Rekordversuch endete mit einem heißgelaufenen Treibstangenlager. Die deutsche 05 002 erzielte dagegen ihren Rekord auf einem ebenen Streckenabschnitt, besaß noch Leistungsreserven und eine exakt dokumentierte Rekordfahrt.

Mit einer Ausnahme (4469 »Sir Ralph Wedgwood«) überstanden alle Loks den Zweiten Weltkrieg und wurden 1948 von den neugegründeten British Railways (BR) übernommen. Sogar die schnellste Fahrt einer britischen Dampflok nach dem Zweiten Weltkrieg kann sich die Reihe A4 auf die Fahnen schreiben. Am 23. Mai 1959 erreichte die »Sir Nigel Gresley« eine Geschwindigkeit von 112 mph (180,3 km/h). Die schnellen Loks mussten schließlich in den 1960er Jahren den Dienst quittieren und so auch die Mallard in 1963. Doch blieb sie erhalten und wurde wieder in den Ursprungszustand versetzt mit blauer Originallackierung und ihrer LNER-Nummer 4468. Heute steht sie im National Railway Museum in York. Daneben bereichern fünf weitere A4 den Museumsbestand, zum Teil sogar betriebsfähig: »Bittern« (LNER 4464, BR 60019), »Union of South Africa« (LNER 4488, BR 60009), »Dominion of Canada« (LNER 4489, BR 60010), »Dwight D. Eisenhower« (LNER 4496, BR 60008) und »Sir Nigel Gresley« (LNER 4498, BR 60007).

Als Fazit bleibt auf jeden Fall: Mehr als 85 Jahre später ist der Rekord der »Mallard« noch immer unangefochten.

Dampflokparade am 13. April 2012 in Barrow Hill: von links nach rechts GNR Class N2 1744, LNER Class A4 4464 »Bittern« und LNER Class A4 4468 »Mallard«.

Ultimativer Dampflokrekord? – die S1 der Pennsylvania Railroad

Auf der New Yorker Weltausstellung 1939/40 »New York World´s Fair 1939« konnte im Verkehrsbereich die größte und leistungsfähigste Schnellzug-Dampflok der Welt bestaunt werden. Dabei handelte es sich um die 1938/39 gebaute Duplex-Vierzylindermaschine der Pennsylvania Railroad (PRR) der Baureihe S1 mit der Radsatzfolge 3'BB3'.

Frisch aus den PRR-Werkshallen in Altoona/Pennsylvania, die S1 6100 als die größte Schnellzugdampflok der Welt.

Sie besaß ein stromlinienförmiges Design – entwickelt vom PRR-Chefdesigner Raymond Loewy – und sollte schwere Expresszüge mit mindestens 100 mph (161 km/h) über große Distanzen befördern. Speziell die PRR setzte im Endstadium des Dampflokbaus auf die Duplex-Bauart, da ihrer Meinung nach konventionelle Hochleistungs-Einrahmenmaschinen mit Dampfdrücken um 20 bar für den steigenden Leistungsbedarf nicht mehr ausreichten. Bei den riesigen Zwillingsmaschinen sorgten die heftigen Kolbendrücke bei den schweren Triebwerksanlagen trotz Einsatz hochwertiger Legierungen für teilweise unangenehme Auswirkungen auf die Laufeigenschaften und den Oberbau. Ein Aufteilen der Kräfte auf vier Zylinder im gleichen Rahmen erschien den Konstrukteuren als ein gangbarer Weg, die Einrahmen-Dampflok noch einmal einen Schritt weiterentwickeln zu können.

Entwurf und Konstruktion hatte die PRR in Eigenregie in ihren Werkstätten in Altoona/Pennsylvania durchgeführt.

Glatte Formen auch von oben bestimmten das Bild der S1 6100.

Diese superstarke Lok mit der Nr. 6100 erreichte auf dem PRR-Prüfstand eine Leistung von 8.200 PSi bzw. über 7.000 PSe am Zughaken. Folgende Kenndaten brachte sie mit: Kesseldruck 21,2 bar; Dienstgewicht o. Tender/mit Tender 275,9 t/487,5 t; Reibungsgewicht 127,7 t; Länge über Puffer 42.700 mm sowie eine Höchstgeschwindigkeit 120 mph (193,1 km/h).

Allein der größte bis dahin von der General Steel Castings Corporation gegossene Rahmen wog 44,5 Tonnen. Sie besaß mit 2.134 mm Durchmesser die größten jemals an einer Lok mit mehr als drei Kuppelradsätzen verwendeten Treib- und Kuppelräder, wobei der erste und dritte Kuppelradsatz jeweils um 57,2 mm seitenverschiebbar waren. Ihr Tender wies acht Radsätze auf und fasste 23,6 t Kohle und 91,7 m^3 Wasser. Darüber hinaus war die bei der PRR übliche Wasserschöpfvorrichtung angebracht. Die S1 konnte in der Ebene 1.600 t dauernd mit 120 mph (193,1 km/h) befördern.

Ab Dezember 1940 lief die S1 auf der Strecke Chicago – Pittsburgh im schweren Schnellzugdienst, u.a. vor den Prestigezügen »The General« und »The Trailblazer«. Da sie aber in einer relativ engen Kurve kurz vor dem Bahnhof in Pittsburgh zum Entgleisen neigte, beschloss die PRR, sie nur noch auf dem »Rennbahn«-Abschnitt Chicago – Crestline/Ohio einzusetzen, was etwa zwei Drittel der Strecke nach Pittsburgh ausmachte. Obwohl sie eine hervorragende Schnellläuferin war, befriedigte sie nicht sonderlich im Betrieb, denn sie war ziemlich schleuderfreudig und mochte keine engen Kurven.

Technisch gesehen war sie auf jeden Fall in der Lage, auch Geschwindigkeiten von deutlich über 200 km/h zu erreichen, und damit den Rekord der »Mallard« von 1938 locker zu übertreffen. Ein Artikel im populären Magazine »Riding the Gargantua of the Rails« vom Dezember 1941 schrieb der S1 eine Geschwindigkeit von 133,4 mph (214,7 km/h) zu.

Ein seitlicher Blick aus der Nähe lässt das Triebwerk der S1 dank der Verkleidung fast schon filigran erscheinen.

Verschiedene Berichte sprechen von Fahrten, wo sie mehr als 140 mph (225 km/h) gelaufen sein soll. Auch ist von einer Rekordfahrt der S1 die Rede, bei der mitfahrende Angestellte der Bahn eine Geschwindigkeit von 141 mph (227 km/h) gemessen haben. Doch exakte Nachweise fehlen, denn die S1 konnte nie vor Messwagen diese Geschwindigkeiten hieb- und stichfest beweisen.

Letztendlich hatte man bei der S1 des Guten zu viel getan, sie war einfach zu groß geraten. Schon Mitte 1946 wanderte sie aufs Abstellgleis und wurde schließlich 1949 nach gerade einmal zehn Jahren verschrottet. Die PRR versuchte sich zwar weiter mit der Duplex-Bauart und entwickelte die etwas kleineren Schnellzugloks der Baureihe T1 (2'BB2'), aber auch ihnen war nur ein begrenzter Erfolg beschieden.

Die ungeheuren Dimensionen von Kessel, Rahmen und Fahrwerk zeigt dieses Bild von der Entstehung der S1 in den PRR-Werkshallen in Altoona.

Bereit zu ersten Probefahrten, die S1 6100.

Die schnellste Dampflok der Nachkriegszeit – 18 201

Für die Erprobung von Reisezugwagen mit Geschwindigkeiten bis 160 km/h standen dem Schienenfahrzeugbau der DDR Ende der 1950er Jahre keine geeigneten Triebfahrzeuge zur Verfügung. Lediglich die Tenderlokomotive 61 002, die einst für den Henschel-Wegmann-Zug gebaut worden war, konnte mit ihrer zugelassenen Vmax von 175 km/h die erforderliche Geschwindigkeit erreichen, war jedoch auf Grund ihrer Kesselprobleme und Leistung nicht geeignet.

Am 4. November 2011 dampfte 18 201 bei Ruppertsgrün durchs schöne Vogtland.

Der Chef der Versuchs- und Entwicklungsstelle der Maschinenwirtschaft (VES-M) in Halle (Saale), Max Baumberg, hatte jedoch die die Idee, auf dem Lauf- und Triebwerk der 61 002 im Rahmen des Rekonstruktionsprogramms die dringend benötigte Schnellfahrlok aufzubauen. Die notwendigen Zeichnungen für die neue Lok erstellte die VES-M Halle selbst. Im Raw Meiningen entstand dann 1960/61 unter weitgehender Verwendung von Fahrwerk und Rahmen der 61 002 eine neue Schnellfahr-Schlepptenderlokomotive. Deren äußere Zylinder, das hintere Rahmenteil sowie der Schleppradsatz mit seiner Rückstellvorrichtung stammten von der H45 024. Als Kessel fand ein Reko-Kessel Typ 39 E analog dem der BR 22 Verwendung. Die Innenzylinder der 2'C1'h3-Maschine waren eine geschweißte Neukonstruktion.

Für ihren Dienst als Versuchs- und Bremslokomotive der VES-M Halle erhielt sie eine Riggenbach-Gegendruckbremse, außerdem wurde sie mit Giesl-Flachejektor und Indusi ausgerüstet. Den besonderen Charakter der Maschine unterstrichen die geschwungenen kleinen Windleitbleche, die Domverkleidung, die spitze Rauchkammertür, die Verkleidung der vorderen Pufferbohle und des Tenders sowie die abweichende Lackierung in Grün mit dem weißen Zierstreifen. Nach der Überführung am 31. Mai 1961 von Meiningen wurde die Lok im Bw Halle P stationiert und lief im Versuchsdienst sowie zeitweise auch im Schnell- und Eilzugdienst zwischen Berlin, Halle und Saalfeld. Wegen ihres typischen Auspuffschlags durfte sie sich bald mit dem Spitznamen »Jimmo« schmücken.

Toll ausgeleuchtet zeigt die 18 201 am 14. September 2013 im Bahnbetriebswerk Lutherstadt Wittenberg ihre markanten Proportionen.

Sie lieferte Rahmen und Triebwerk für die 18 201, die Schnellfahrtenderlok 61 002 des Henschel-Wegmann-Zuges.

»Jimmos« schnelle Fahrten – Der Einsatz bei der VES-M Halle (Saale

Nachdem die Lok aus Meiningen in Halle (Saale) eingetroffen war, unterstand 18 201 buchmäßig dem Bw Halle P, das auch für die Unterhaltung der Schnellfahrlok verantwortlich war. Die VES-M Halle (Saale) setzte 18 201 wie vorgesehen für die lauftechnische Erprobung neuer Reisezugwagen des DDR-Schienenfahrzeugbaus ein. Für die entsprechenden Messfahrten nutzten die Ingenieure abwechselnd die Strecken Bitterfeld – Lutherstadt Wittenberg – Jüterbog und Eilenburg – Torgau. Die Schnellfahrten mit bis zu 160 km/h unternahm die Maschine auf den Abschnitten Gräfenhainichen – Bergwitz und Doberschütz – Torgau. Dafür hatte die DR eine Ausnahmegenehmigung erteilt. Waren keine Messfahrten angesetzt, setzte das Bw Halle P »Jimmo« zusammen mit den VES-M-Loks 03 1010, 03 1076, 18 314, 19 015, 19 017 und 23 001 im Plandienst ein. Das änderte sich erst 1965, als sich immer deutlicher zeigte, wie der Einsatz der 18 201 im Plandienst die Maschine zusehends verschliss. Vor allem der notwendige Tausch der Radreifen und die Arbeiten am Triebwerk trieben die Instandsetzungskosten für »Jimmo« in die Höhe. Da die Maschine jedoch langfristig für die Erprobung neuer Fahrzeuge der DDR-Waggonfabriken benötigt wurde, untersagte Max Baumberg die weitere Nutzung der 18 201 für die Zugförderung.

Mit 176 km/h auf dem Versuchsring

Einen wichtigen Höhepunkt in Sachen Geschwindigkeit erlebte 18 201 im Herbst 1964 bei einem Besuch des 13,2 km langen Versuchsrings der Tschechoslowakischen Staatsbahnen (CSD) in Velim südlich von Prag. Dort standen Versuchsfahrten mit neuen Reisezugwagen der ĊSD, der DR und der Ungarischen Staatseisenbahnen (MÁV) auf dem Programm. Dabei bewies 18 201 am 16. November 1964 nachdrücklich ihre Leistungsfähigkeit, als sie eine Höchstgeschwindigkeit von 176 km/h erreichte. Allerdings beendete schon zwei Tage später ein Triebwerksschaden den Einsatz der 18 201 in Velim vorzeitig. Bei der zuvor durchgeführten L0 im Raw Meiningen hatte es einen Montagefehler gegeben, der zu einer verbogenen Kuppelstange führte. Wegen dieses Schadens brach man die Messfahrten mit der 18 201 ab, die als 2'B11'-Maschine gemeinsam mit 03 1074 am 24. November 1964 von Velim zurück in die Heimat gebracht wurde.

Im Raw Meiningen wurde sie einige Zeit später repariert. 1967 baute das Raw Meiningen »Jimmo« auf Ölhauptfeuerung um, dessen zulässige Höchstgeschwindigkeit nun von 175 auf 180 km/h heraufgesetzt wurde und der nun wieder zeitweilig im Plandienst laufen durfte.

Das markante Gesicht der 18 201.

18 201 legte am 21. Oktober 2009 in Glauchau einen Zwischenhalt ein. Die Rauchkammer der Maschine glänzte in der tiefstehenden Abendsonne.

Mehr als 180 km/h!

Doch im Frühjahr 1970 zeichnete sich das Ende der Dampftraktion bei der Versuchsanstalt ab. Als am 1. Juni 1970 die neuen EDV-gerechten Betriebs-Nr. bei der DR eingeführt wurden und 18 201 fortan offiziell als 02 0201-0 bezeichnet wurde, gehörten insgesamt nur noch sechs Dampfloks zum Bestand der VES-M Halle (Saale). Diese setzte auch für ihre Versuchsfahrten inzwischen verstärkt auf die moderne Traktion. Nichtsdestoweniger demonstrierte 18 201 am 12. Oktober 1972 noch einmal eindrucksvoll ihre Leistungsfähigkeit: An diesem denkwürdigen Tag erreichte sie zwischen Gräfenhainichen und Bergwitz mit 182,4 km/h ihre schnellste jemals dokumentierte Höchstgeschwindigkeit!

Trotzdem waren die Tage der VES-M-Dampfloks gezählt. Zwar bemühte sich die Verwaltung der Maschinenwirtschaft (VdM) der Rbd Halle bereits Anfang 1971 um eine Verringerung des Dampflokbestands der Versuchsanstalt, doch zunächst nur mit mäßigem Erfolg. Aber drei Jahre später war es schließlich soweit: Nach der Abstellung von 19 015 im November 1974 war 18 201 die letzte Dampflok der VES-M Halle (Saale). Doch in den nächsten Jahren gingen die Einsätze für Messfahrten immer weiter zurück, dafür wurde die Maschine verstärkt für Sonderfahrten von Eisenbahnfreunden eingesetzt. So war es nur konsequent, dass die Lok schließlich zur Traditionslok der Deutschen Reichsbahn wurde. Seit dem 1. Januar 1980 besaß »Jimmo« den Status eines »Historischen Fahrzeugs«, wie die DR offiziell ihre Museumslokomotiven und -wagen bezeichnete.

Heute ist die schnellste betriebsfähige Dampflok der Welt im ehemaligen Bahnbetriebswerk Nossen zu Hause.

Im ehemaligen Bw Nossen wurde 18 201 im Sommer 2005 für eine Sonderfahrt vorbereitet.

18 201 passierte mit einem Sonderzug am 30. Juni 2007 das am 15. Juli 1851 eingeweihte Göltzschtalviadukt.

Am 4. November 2011 war 18 201 im Vogtland unterwegs, hier bei Drochhaus.

Der kometenhafte Aufstieg

Ehre, wem Ehre gebührt: Die SNCF-Rekordlok CC-7107 hat einen Stammplatz im Eisenbahnmuseum von Mulhouse gefunden.

der Elektrotraktion

Schneller als 200 km/h im Jahre 1903

Schon 1899 schrieb der Berliner Professor Alois Riedler: »Die Verwendung hoher Geschwindigkeiten ist nicht bloß das Kennzeichen unseres Verkehrs [...], sondern alles technischen Schaffens der Gegenwart überhaupt.« Damit war er tatsächlich nur wenige Jahre seiner Zeit voraus.

Nach seiner Rekordfahrt am 23. Oktober 1903 präsentiert sich der Siemens-Schnelltriebwagen mit allen Beteiligten stolz dem Werksfotografen.

Der Siemenswagen bei einer seiner Schnellfahrten auf der Militärbahn.

Der elektrifizierte Abschnitt Marienfelde – Zossen der Militärbahn für die Schnellfahrversuche. Gut erkennbar die Oberleitung über dem linken Gleis mit ihren drei übereinander hängenden Fahrdrähten.

Noch im gleichen Jahr wurde am 10. Oktober in Berlin die Studiengesellschaft für elektrische Schnellbahnen gegründet von den führenden Elektrokonzernen Allgemeine Elektricitäts-Gesellschaft (AEG) und Siemens & Halske, den Banken Delbrück Leo & Co., Deutsche Bank, Nationalbank für Deutschland und Jacob S. H. Stern sowie den Firmen A. Borsig, Philipp Holzmann & Co., Fried. Krupp und van der Zypen & Charlier. Mit 20 Prozent Anteil führte die Deutsche Bank das Konsortium an und es folgten AEG, Krupp und Siemens mit jeweils rund 13 Prozent. Als Ziel war definiert, praktische Erfahrungen mit der elektrischen Traktion zu sammeln und grundsätzlich zu klären, ob eine Oberleitung für die Stromzuführung auch bei hoher Geschwindigkeit geeignet sei.

Der 23 km lange Abschnitt Marienfelde – Zossen der Königlich Preußischen Militäreisenbahn von Berlin-Schönefeld nach Jüterbog wurde für die geplanten Testfahrten ausgewählt. Schließlich begann man im Frühjahr 1901 die Strecke für den Versuchsbetrieb herzurichten. Ihr Oberbau musste wegen des hohen Gewichts der Versuchswagen verstärkt werden. Ferner wurden Oberleitungsmasten aufgestellt, an welchen seitlich die drei Leitungen für den dreiphasigen Wechselstrom (Drehstrom) aufgehängt waren. Dabei befanden sich die Fahrleitungen seitlich vom Bahnkörper übereinander mit einem Abstand rund einem Meter zueinander. Die hölzernen, mit rund 35 m Entfernung voneinander aufgestellten Leitungsmasten wiesen einen Abstand von rund 2,25 m von der Gleismitte auf. Die Kölner Firma van der Zypen & Charlier baute die beiden Schnelltriebwagen, wofür jeweils AEG und Siemens & Halske die elektrische Ausrüstung lieferten. Die Fahrzeuge ruhten auf zwei dreiachsigen Drehgestellen, wobei jeder äußere Radsatz eines Drehgestells von einem Drehstrom-Synchronmotor angetrieben wurde. Je 50 Personen sollten in ihnen Platz finden. Zu den Tests gesellte sich ferner eine vierachsige Drehgestell-Ellok von Siemens & Halske, welche allerdings nur für eine Höchstgeschwindigkeit von 125 km/h ausgelegt war.

Bei den ersten Versuchen im Jahr 1901 konnten anfangs nur Geschwindigkeiten von 100 bis 130 km/h erreicht werden. Erst nach Erhöhung der Stromspannung von 6.000 auf 10.000 Volt und der Erhöhung der Stromfrequenz von 25 auf 48 Perioden pro Sekunde konnte die Geschwindigkeit bereits auf 160 km/h gesteigert werden. Dann war aber erst einmal Schluss, denn die Schienen zeigten nicht unbeträchtliche Ausbiegungen und somit war das Gleis für höhere Fahrgeschwindigkeiten nicht genügend widerstandsfähig. Von einer Eisenbahn-Brigade wurden die Schienen gegen schwerere mit größerer Stabilität ausgewechselt, die Anzahl der unterlegten Schwellen vermehrt und die früher verwendete Kiesbettung durch Basaltschotter ersetzt. Zusätzlich ging man auf Nummer sicher und brachte noch innenliegende Spurschienen

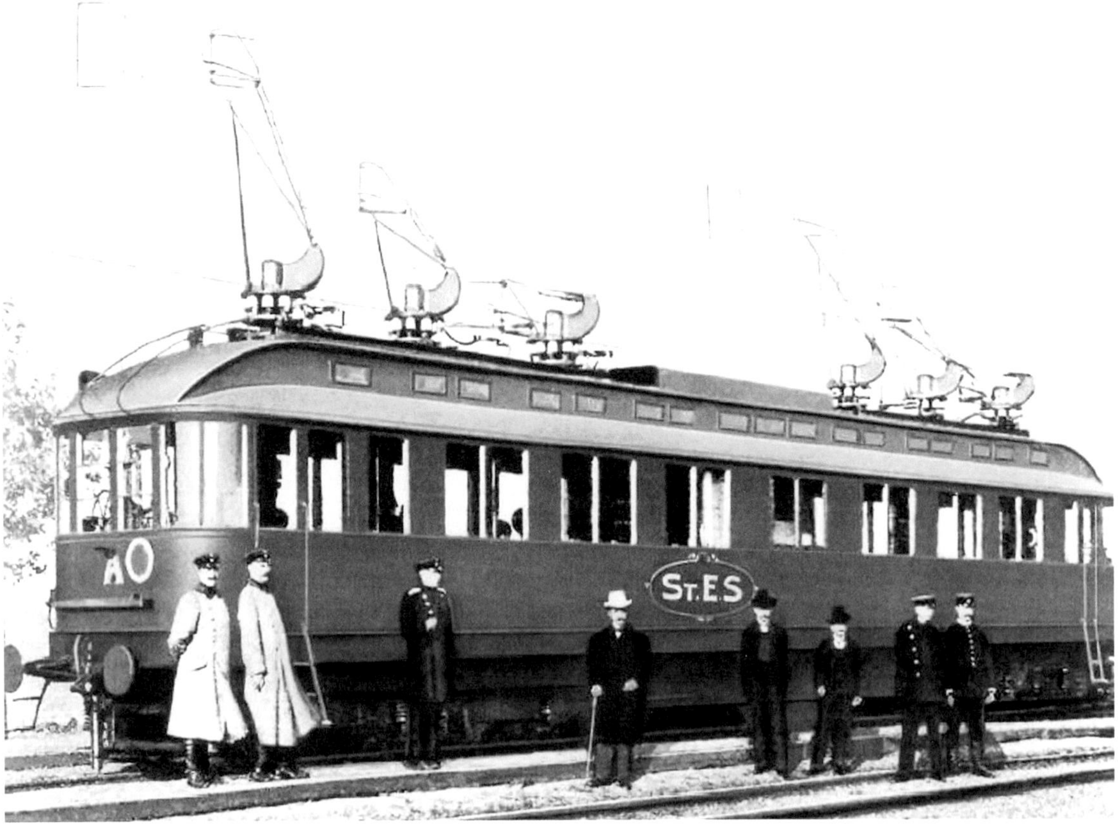

Der AEG-Drehstromversuchstriebwagen der Studiengesellschaft für Elektrische Schnellbahnen stellte am 28. Oktober 1903 mit 210,2 km/h einen lange Jahre ungebrochenen Geschwindigkeitsweltrekord für Schienenfahrzeuge auf.

an, um einer eventuellen Entgleisung der Schnellbahnwagen vorzubeugen. Ferner wurden die Drehgestelle der Triebwagen umgebaut und ihr Radstand von 3,80 auf fünf Meter vergrößert, um einen ruhigeren und sichereren Lauf zu gewährleisten.

Mitte September 1903 konnten die Versuche schließlich fortgesetzt werden und sie verliefen nun überaus erfolgreich: Am 2. Oktober 1903 erreichte der Siemens-Wagen eine Geschwindigkeit von 201 km/h, am 23. Oktober sogar 206,7 km/h. Den absoluten Weltrekord stellte schließlich der AEG-Wagen unter Führung des Ingenieurs Otto am 28. Oktober mit 210,2 km/h (58,4 m/s) auf. Der eigentlich völlig belanglose Unterschied von knapp 4 km/h war nur auf eine etwas höhere Periodenzahl des gelieferten Drehstroms als bei den vorherigen Versuchen zurückzuführen. Eine zeitgenössische Berliner Zeitung kommentierte dieses Ereignis wie folgt: *»Der Leser möge sich vorstellen, wie er vergnügt und guter Dinge auf einem Wege neben der Bahnstrecke sich in der würzigen Herbstluft ergeht. Plötzlich schreckt ihn fernes Grollen aus seinen angenehmen Träumen. Unsicher bleibt er stehen und schaut sich um, aus welcher Richtung solch ungewohntes Geräusch ertönen mag. Noch erblickt er nichts, aber das Grollen wird stärker und kommt näher. Es vermischt sich mit einem durchdringenden Heultone, einem Tone, wie er ihn bis dato noch niemals zu Ohr bekam. Das mögen Geräusche sein, wie sie die arme Seele auf ihrem Fluge zur Hölle begleiten. Schließlich erkennt der geängstigte Wanderer am Horizont des schnurgerade verlaufenden Schienenstranges einen schwarzen Punkt, der sich rasch vergrößert und nähert. Kaum hat er Zeit, sich über das Wesen der unbekannten Erscheinung klar zu werden, da braust es auch bereits heran. Das Rauschen und Heulen steigert sich zu einem höllischen Inferno, es ist, als nahe die Apokalypse, als bräche das Jüngste Gericht über den armen, hilflosen Sünder* *herein. Das Toben steigert sich zum Orkan, ein Blitz zuckt auf, das menschliche Auge ist nicht fähig, den Ablauf der Dinge bei dieser ungeheuren Geschwindigkeit aufzunehmen. Ehe dem Wanderer überhaupt zum Bewusstsein kommt, was er erlebt, kündet nur noch ein sich schnell entfernendes Rollen von dem Vorbeiflug eines der neuen Schnellbahnwagen. Ja, Vorbeiflug muss man das nennen, denn es gibt wohl keinen Vogel, der mit einer derartigen Geschwindigkeit durch den Äther schießt. So, wie es rastlosem menschlichen Geiste gelungen ist, Flüsse zu überbrücken, Berge zu durchstoßen, Täler zu überwinden, getreu dem Gebote „Macht euch die Erde untertan", so ist dem Menschen nunmehr auch der Vorstoß in die Zeit gelungen. Die künftigen Schnellbahnen werden uns in wenigen Stunden über Kontinente befördern, und die Entfernungen werden einstmals auf unserer Erde gegenstandslos werden.«*

Die Ergebnisse dieser Fahrten sorgten in vielen Ländern für Furore und wurden mit großem Erstaunen zur Kenntnis genommen. Sie bestätigten, dass mit Fahrzeugen fast herkömmlicher Bauart weitaus höhere Geschwindigkeiten sicher zu erreichen waren, als sie die damalige Betriebsordnung für Hauptbahnen vorsah. Ferner lieferten sie wertvolle Erkenntnisse für die Weiterentwicklung des elektrischen Betriebs von Eisenbahnen, obwohl es noch Jahrzehnte dauerte sollte, bis die Drehstromtechnik serienreif wurde. So erfolgreich die Versuche unter den technischen Aspekten waren, wirtschaftlich konnte man aus ihnen jedoch erst auf lange Sicht Gewinn erzielen – sie waren ihrer Zeit einfach zu weit voraus.

Noch einmal: Der AEG-Triebwagen steht bereit zu einer seiner Versuchsfahrten.

Nachdem die Studiengesellschaft ihren Zweck erfüllt hatte, wurde im Dezember 1905 die Liquidation eingeleitet. 1920 legte man die Versuchsstrecke der Militärbahn still und baute sie bald darauf ab. Lediglich eine Plakette am S-Bahnhof Marienfelde erinnert heute noch an diese herausragende Pionierleistung von 1903.

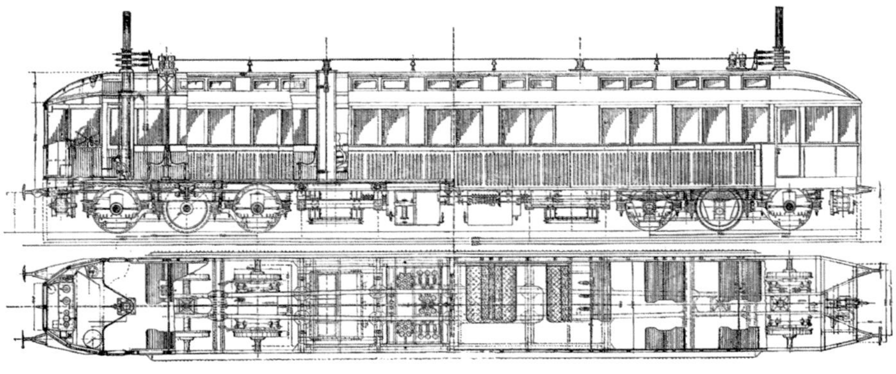

Seitenriss des Siemens-Wagens

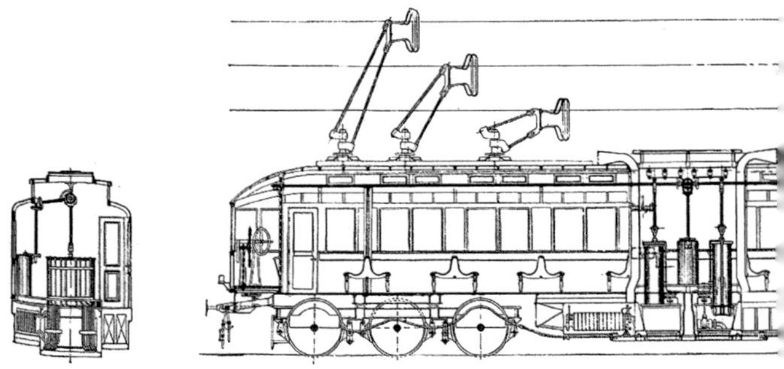

Seitenriss des AEG-Wagens

Goliath gegen Zwerg – oder eine Wettfahrt mit weitreichenden Folgen

Diese kleine Geschichte überschreitet den thematischen Rahmen dieses Buches, denn sie berichtet von keinem Rekord, sondern nur von einer Wettfahrt, deren Ausgang uns heute eigentlich nicht weiter überrascht. Und doch wohnt der beschriebenen Veranstaltung etwas sehr Symbolträchtiges inne, sodass sie hier einen berechtigten Platz einnimmt. Außerdem beweist sie, dass – bei aller berechtigten Jagd nach Rekorden – Geschwindigkeit eben nicht alles ist.

Diese kleine Versuchs-Ellok von Siemens & Halske hängte bei einer Wettfahrt 1904 locker die große Schnellfahr-Dampflok der Versuchsbauart S 9 ab und konnte nicht mehr eingeholt werden.

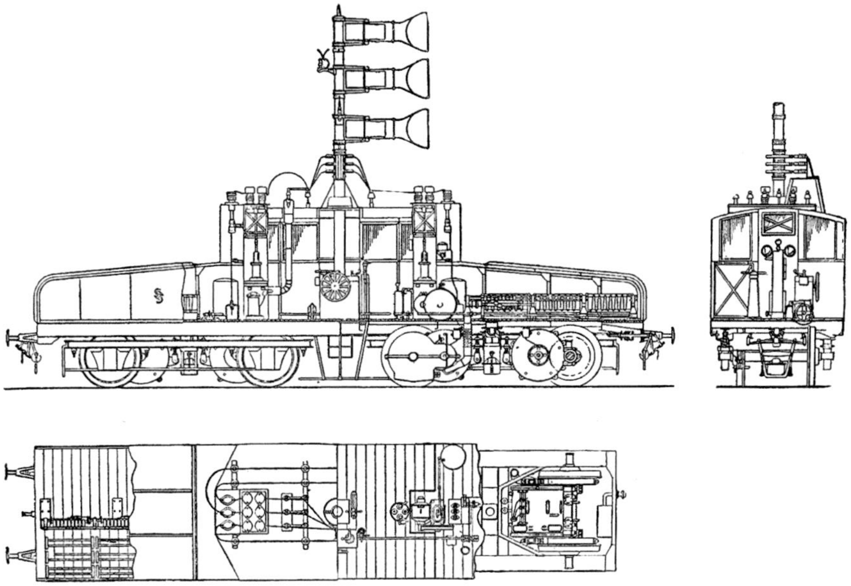

Der Wettstreit zwischen den Traktionen Dampf und Strom führte manchmal zu Ereignissen, die aus heutiger Sicht geradezu bizarr anmuten. Dazu zählt zweifelsohne eine Wettfahrt zwischen einer Dampf- und einer Elektrolok im Jahr 1904. Was aus der Sicht des 21. Jahrhunderts keines Rennens bedurft hätte, weil das Ergebnis doch eigentlich sowieso schon feststand, schien damals noch unentschieden. Aus Sicht vieler Zeitgenossen hatte der Dampf damals noch eine reelle Chance gegen die neumodische, mit Hilfe von Elektrizität vorangetriebene Traktion.

Die Geschichte dieser denkwürdigen Wettfahrt erzählt der bekannte Eisenbahnautor Karl-Ernst Maedel (1919–2004) in seiner unvergleichlichen Art in seinem Klassiker »Giganten der Schiene«, der erstmals im Jahr 1962 bei der Franckh'sche Verlagshandlung in Stuttgart erschien, auf den Seiten 23 bis 42.

Die Protagonisten dieser historischen Wettfahrt sind uns – zumindest was die Fahrzeuge betrifft – aus vorhergehenden Kapiteln in diesem Buch bereits bekannt. Ebenso der Ort. Einige Zeit nachdem die elektrischen Schnelltriebwagen auf Strecke Marienfelde – Zossen ihre bemerkenswerten Rekordfahrten unternommen hatten (siehe Seite 64 ff), stand die Bahnlinie im Juli des Jahres 1904 erneut im Mittelpunkt des Interesses der Eisenbahntechniker.

Zu dieser Zeit unternahm die S 9 »Altona 561« – wie schon an anderer Stelle berichtet (siehe Seite 32) – Schnellfahrversuche auf dem Abschnitt der Königlich Preußischen Militäreisenbahn. Sie erreichte dabei mit einem 109 Tonnen schweren Zug eine Geschwindigkeit von 137 km/h. Das war weniger als man erwartet hatte, aber immerhin mehr als die 125 km/h, die die vierachsige Ellok der Firma Siemens & Halske mit ihrem Messzug erreicht hatte. So fühlten sich die Konstrukteure der Schnellzugdampflok stark genug, mit ihrer mächtigen Maschine gegen die vergleichsweise zierliche Elektrolok anzutreten.
Beide Loks erhielten an diesem Sommertag jeweils zwei vierachsige D-Zugwagen preußischer Bauart als Anhängelast. Bei der windschnittigen »Altona 561« handelte es sich bei einem dieser Wagen um einen Messwagen.

Die »Altona 561« vor einem Messzug auf der Militärbahn Jüterbog – Zossen.

Der meisterliche Erzähler Maedel lässt als wichtigsten Protagonisten den Wirklichen Geheimen Oberbaurat Gustav Wittfeld (1855–1923) auftreten, der für die Entwicklung der elektrischen Zugförderung in Deutschland eine so entscheidende Rolle spielte. Interessanterweise tritt Witte – quasi als Wandler zwischen den Welten – zunächst auf Seiten der Dampfkraft auf, aus gutem Grund: Witte hatte maßgeblich an der Konstruktion der beiden Versuchslokomotiven »Altona 561« und »Altona 562«, die sich mehr oder minder als Fehlschlag erweisen sollten, mitgearbeitet. Nichtsdestoweniger blieb Witte ein Visionär, der sich über die nicht zu unterschätzende Bedeutung der Elektrizität für die Zugförderung voll auf im Klaren war. Bereits 1902 hatte er bei Eisenbahnverwaltung und AEG gemeinsame Versuche angeregt, im Eisenbahnverkehr den damals noch ganz neuen Einphasenwechselstrom statt des zu dieser Zeit gebräuchlichen Drehstroms und Gleichstroms für den Antrieb von Lokomotiven und Triebwagen zu nutzen. Für diesen Versuchsbetrieb, der erst 1906 endete, nutzte man die 4,1 km lange Vorortstrecke Niederschöneweide-Spindlersfeld (bei Berlin) und verwendete Einphasenwechselstrom mit 6 kV und 25 Hz.

So überrascht es auch nicht, das Gustav Wittfeld kurze Zeit nach der bemerkenswerten Wettfahrt die neu im preußischen Ministerium für öffentliche Arbeiten (Eisenbahnabteilung) geschaffene Stelle eines Vortragenden Rates für Elektrische Einrichtungen erhielt. In dieser Funktion sorgte er auch dafür, dass die im Januar 1908 abgeschlossene Elektrisierung der Hamburg-Altonaer Stadt- und Vorortbahn ebenfalls mit Einphasenwechselstrom erfolgte.

Wittfelds vielleicht größte Tat war die Mitwirkung am Staatsvertrag zwischen Preußen, Bayern und Baden, der im Jahr 1912 zum Abschluss kam und in welchem ein für alle Mal Wechselstrom von 15.000 Volt und 16 2/3 Hertz als Bahnstrom festgesetzt wurde. Es ist das Stromsystem, unter welchem heute Deutschland, Österreich und die Schweiz sowie Norwegen und Schweden fahren.

Doch zurück zur Wettfahrt. Eine tragende Nebenrolle spielt der an der Konstruktion beteiligte Oberingenieur, der bei Maedel Kühne heißt, aber wohl in Wirklichkeit Kuhn hieß. Er steht am Regler der »Altona 561«.

Der Rest der Geschichte ist schnell erzählt, denn es kommt natürlich wie es kommen muss: Unter großem Getöse setzt sich »Altona 561« mit viele Rauch und Dampf in Bewegung und nimmt – das ist von Schnellzugdampfloks mit 2.200 mm großen Treibrädern auch nicht anders zu erwarten – nur langsam Fahrt auf. Bedächtig wandert die Tachonadel immer höher. Der Autor Maedel schildert dies anschaulich in Form des beobachtenden Ingenieurs, der die 5-km/h-Schritte im Messwagen ausruft.

Während sich also die Dampflok, gefeuert von zwei Heizern und mit Oberingenieur Kuhn am Regler – moralisch unterstützt von einem preußischen Oberlokführer aus altem Schrot und Korn – mächtig ins Zeug legt, ist die Ellok schon längst uneinholbar enteilt. Dank ihrer erheblich besseren Beschleunigung hat sie deutlich früher ihre Höchstgeschwindigkeit – und schließlich auch das Ziel der Wettfahrt – erreicht, obwohl diese mehr als 10 km/h geringer ist als die der Dampflok. Die zukunftsweisende Elektrotechnik verweist also die überkommene Dampftechnik auf die Plätze. Zurück bleibt ein vielsagend lächelnder Gustav Wittfeld.

Trotzdem sollte es in Deutschland noch mehr als acht Jahrzehnte dauern, bis die letzte Normalspurdampflok aus dem Plandienst ausschied.
Besonders Lehrreich ist diese Wettfahrt für die Fahrdynamiker, denn sie zeigt, dass Beschleunigung bei der Eisenbahn häufig wichtiger ist als die eigentliche Höchstgeschwindigkeit. Das ist bis heute so geblieben, wie jeder Fahrgast weiß, der auf bestimmten Schnellfahrstrecken für bestimmte Abschnitte mit einem 200 km/h schnellen Intercity schon dieselbe Fahrzeit benötigt hat wie mit einem 250 km/h schnellen ICE.

Zu guter Letzt lohnt es sich noch, einen Blick auf den weiteren Verbleib der Lokomotiven zu werfen. Die beiden Versuchsdampfloks kamen anschließend in den normalen Betriebsdienst, wurden »entkleidet« und verloren ihren vorderen Führerstand. Sie mussten bald nach Ende des Ersten Weltkriegs den Dienst quittieren. Viel interessanter verlief dagegen das Schicksal der Elektrolok. Sie wurde nach dem Ersten Weltkrieg in zwei Hälften geteilt und mit neuen elektrischen Einrichtungen weiterverwendet. Dort, wo die Lokomotive geteilt worden war, hatten beide Maschinen eine glatte Blechwand mit Tür und Fenstern erhalten. Die gesamte technische Ausrüstung war nun unter dem Vorbau auf der anderen Seite des Führerraums untergebracht worden. Die eine Hälfte fuhr dann lange Jahre auf der mit 650 V= elektrifizierten Siemens-Güterbahn in Berlin als Lok »3« und kann heute im Deutschen Technikmuseum Berlin bewundert werden. Die zweite Hälfte gelangte 1922 als Lok »4« zur Lokalbahn AG (LAG) in München für deren Strecke Murnau – Oberammergau, wo zwei Loks im Jahr zuvor bei einem Unfall stark beschädigt worden waren.
Nach einem Transformatorbrand im Jahr 1929 wurde sie zunächst abgestellt, doch für den zu erwartenden starken Verkehr anlässlich der Oberammergauer Passionsspiele 1934 sollte sie wieder instandgesetzt werden. Krauss in München lieferte einen neuen Aufbau analog der vorhandenen LAG 1 bis 3 und für die elektrische Ausrüstung zeigte die Murnauer Werkstatt verantwortlich. Mit der Übernahme der LAG durch die DRG gelangten auch die Oberammergauer Elloks in den DRG-Bestand, wobei die LAG 4 nun als E 69 04 lief. Sie fuhr noch bis zu ihrer Ausmusterung am 29. Juli 1977 zumeist auf ihrer Stammstrecke, ab 1968 unter der neuen Nummer 169 004. Nach ihrer Ausmusterung stand sie zunächst von April 1978 bis September 1997 als Denkmal vor dem Bundesbahn-Zentralamt München an der Arnulfstraße. Dann kehrte sie in ihre alte Heimat zurück und nahm einen Ehrenplatz auf dem Denkmalssockel am Bahnhof Murnau ein.

Kaum zu glauben, dass diese Lok aus einer Hälfte der Siemens-Drehstromversuchslok entstanden ist. Im April 1977 versah die 169 004 noch munter den Dienst auf ihrer Stammstrecke Murnau – Oberammergau, hier aufgenommen abfahrbereit im Bahnhof Murnau. Einige Monate später war sie dann schon ausgemustert.

Heimlich – aber schnell in Italien – der ETR.200

Schon sehr früh begann in Italien der Bau direkterer, schnellerer Trassen, da viele Strecken überaus gewundene und eingleisige Führungen durch das Apennin-Gebirge aufwiesen, welches das Land in zwei Hälften teilt.

Triebwagentreffen im Depot Milano Greco: links ETR.253 (Baureihe ETR 250 »Arlecchino«) und rechts ETR.242 (ex ETR.224 ex ETR.205).

Ein ETR.200 geht beim italienischen Triebfahrzeughersteller Breda seiner Vollendung entgegen.

1927 konnte die ab 1907 im Bau befindliche erste »Direttissima« Rom – Neapel fertiggestellt werden, welche die Reisezeit zwischen den beiden Städten von 4 Std. 25 Min. auf 2 Std. 50 Min. verkürzte. Die zweite »Direttissima« war vor über einem Jahrhundert im Jahr 1913 begonnen worden (Fertigstellung 1934) und führte von Bologna nach Prato kurz vor Florenz. Daher nahmen Italiens Bahnen schon früh die Entwicklung eines Hochgeschwindigkeitsverkehrs in Angriff. Der italienische Diktator Benito Mussolini sorgte nicht für einen pünktlichen Bahnverkehr, sondern ließ in den 1930er Jahren auch die Züge beschleunigen.

Mit dem Abschluss der Elektrifizierung zwischen Florenz und Rom im Jahr 1935 war die wichtige Verbindung Mailand – Bologna – Florenz – Rom – Neapel durchgehend elektrisch befahrbar. Hierfür liefen ab 1934 die Entwicklungsarbeiten für einen Schnelltriebwagen unter Nutzung neuer Technologien der Metallbearbeitung und Aerodynamik. So wurde u.a. die innovative, windschnittige Front des Zuges aus den Ergebnissen im Windkanal der Technischen Universität von Turin kreiert. Der erste Triebwagen der neuen Baureihe ETR.200 konnte im Juni 1936 von der Società Italiana Ernesto Breda (später AnsaldoBreda) fertiggestellt werden. Der dreiteilige Zug war für Geschwindigkeiten bis zu 175 km/h ausgelegt, wobei die beiden zweiachsigen Endtriebdrehgestelle mit Antriebsmotoren bei allen Radsätzen ausgestattet waren. Der Mittelwagen ruhte auf Jakobsdrehgestellen, bei denen jeweils der innere Radsatz angetrieben wurde. Bis November 1936 folgten noch die restlichen fünf Triebwagen der ersten Serienbestellung als ETR.202-206. Zunächst verursachten die ursprünglich montierten Stromabnehmer Probleme bei mehr als 130 km/h, doch nach dem Einbau verbesserter Pantographen war auch diese Schwierigkeit gelöst.

Ab 1937 nahmen die ETR.200 ihren Dienst in der Relation Mailand – Bologna – Florenz – Rom – Neapel auf. Noch im Dezember 1936 wurde eine zweite Serie dieser schnellen Triebwagen bestellt, die zwischen November 1938 und Februar 1939 als ETR.207-214 ausgeliefert wurde. Mit der dritten Bestellung vom Mai 1939 gelangten dann zwischen November und Dezember 1941 die ETR.215-218 auf die Schienen. Die ETR.200 entwickelten sich schnell zu den bequemsten und schnellsten Zügen in Europa, so dass Mussolini sogar einen Zug 1939 bei der New Yorker Weltausstellung präsentieren ließ. Versuchs- und Rekordfahrten mit den neuen Schnelltriebwagen brachten einige erstaunliche Ergebnisse. So konnte die Strecke Florenz – Mailand (315 km) in gerademal 1 Std. 55 Min. mit einer Durchschnittsgeschwindigkeit von 164 km/h zurückgelegt werden. Heute ist hier zwar die 300 km/h-Hochgeschwindigkeitsstrecke in Betrieb, aber die Hochgeschwindigkeitszüge fahren mit 1 Std. 45 Min. auch nicht viel schneller, allerdings mit einem Halt in Bologna. Am 6. Dezember 1937 erreichte der ETR.201 auf der Strecke Rom – Neapel im Abschnitt Campoleone – Cisterna mit 201 km/h einen neuen Geschwindigkeitsrekord für elektrische Serienzüge. Dies erfuhr am 20. Juli 1939 sogar noch eine Steigerung, denn der ETR.212 mit dem Triebfahrzeugführer Alessandro Cervelatti im Führerstand stellte mit 203 km/h einen neuen Weltrekord auf der Strecke Mailand – Bologna im Abschnitt Piacenza – Pontenure auf. Ins Reich der Fabel zu verweisen ist jedoch die beliebte Legende, dass Benito Mussolini selbst am Fahrpult gestanden haben soll.

Den Zweiten Weltkrieg überlebten die ETR.216 und 218 nicht. Die restlichen Triebwagen wurden zwischen 1960 und 1965 durch das Einfügen eines zweiten angetriebenen Mittelwagens zu vierteiligen Einheiten erweitert und in ETR.221-236 (nicht chronologisch) umgezeichnet. Ein weiterer Umbau der ETR.223-225, 227 und 229 mit Änderungen vor allem im Innern der Züge erfolgte zwischen 1987 und 1989 und hatte die Umzeichnung in ETR.241-245 zur Folge. Die letzten Vorkriegs-Schnelltriebwagen fielen dann 1999 der Ausmusterung anheim. Erhalten blieb lediglich der ETR.232, hinter dem sich der Weltrekordzug ETR.212 versteckt.

Bereit zur ersten Probefahrt steht ein ETR.200 auf dem Werkshof von Breda.

Abgestellt im Depot Pistoia harrt der ETR.232 einer erneuten Aufarbeitung. Dabei handelt es sich um den umgebauten Rekordtriebwagen ETR.212, der am 20. Juli 1939 bei Piacenza mit 203 km/h einen neuen Weltrekord für elektrische Serientriebwagen aufstellte.

Die markanten Köpfe von gleich vier Einheiten der ETR.200 blicken aus der Fertigungshalle von Breda.

Frankreich legt vor – die SNCF erobert erstmals das »Blaue Band der Schiene«

Im Gegensatz zu Deutschland und seinen Nachbarstaaten Österreich und der Schweiz hatten die französischen Bahnen ab den 1920er Jahren begonnen, erste Strecken mit Gleichstrom und einer Spannung 1.500 Volt zu elektrifizieren.

Fabrikschild sowie Erinnerungsplakette an ihren phantastischen Rekord dürfen an der BB-9004 nicht fehlen.

Schnellfahrende Elloks besaßen vor dem Zweiten Weltkrieg auch in Frankreich führende und nachlaufende Laufradsätze oder Laufdrehgestelle. Erst nach dem Zweiten Weltkrieg richtete sich der Fokus auf neue laufachslose, dem Stand der Technik entsprechende Drehgestellmaschinen – auch bei der französischen Staatsbahn SNCF (Société nationale des chemins de fer français). So galten die Elloks der SNCF-Reihe CC 7100 bei ihrem Erscheinen vor Schnellzügen auf der Hauptstrecke Paris – Lyon – Mittelmeer im Jahr 1952 als geradezu revolutionär, obwohl bereits seit 1949 zwei ähnliche Prototypen (CC 7001 und 7002) im Einsatz standen. Die bis 1955 von Alsthom, CEM und Fives-Lille gelieferten 58 Exemplare bildeten Frankreichs erste serienmäßige Schnellzugellok mit einem Antrieb auf allen Radsätzen. Auf jeden Radsatz der beiden dreiachsige Drehgestelle wirkte ein Gleichstrommotor des Typs »Alsthom TA 621B« bzw. bei den CC 7144-7158 ein Motor des Typs »Alsthom TA 621C«. Ein durchaus wohlgeformtes Erscheinungsbild vermittelte die Konstruktion ihres Aufbaus mit den sanft nach hinten geneigten Führerstandsfronten und einer Reihe von Bullaugen-Fenstern an den Fahrzeugseiten zur Aufhellung des Maschinenraums.

Auf Hochglanz poliert ruht sich heute die Weltrekordlok BB-9004 von 1955 im Eisenbahnmuseum Mulhouse von den Strapazen vergangener Tage aus.

Natürlich wurden die neuen Maschinen ausgiebig getestet und bei einem Versuch im Jahr 1954 mit einer normalen Serienlok waren ohne Probleme 243 km/h erreicht worden. Dies führte zu der Erkenntnis, dass die Geschwindigkeitsgrenze der Lok noch lange nicht erreicht war und eher bei etwa 320 km/h liegen müsste. Zur Ermittlung der Grenzen des Rad-Schiene-Systems bei hohen Geschwindigkeiten wurde daher beschlossen, weitere Versuche anzustellen.

Einbezogen werden sollte hierbei auch die neuerbaute vierachsige Versuchslok BB 9004, deren erste Tests schon überaus erfolgreich verlaufen waren. Von den Sechsachsern wurde die CC 7107 ausgewählt, die nach einer Gesamtlaufleistung von 448.000 km gerade eine Hauptuntersuchung hinter sich gebracht hatte. Um entsprechend hohe Geschwindigkeiten zu erreichen, musste bei beiden Loks zunächst das Übersetzungsverhältnis der Antriebszahnräder geändert werden. Bei der CC 7107 betrug es dann nach Einbau eines Vorgeleges 1,145 statt der normalen 2,606. Die Änderung des Verhältnisses Ritzel-Zahnrad verhalf der BB 9004 zu einem Verhältnis von 0,849 statt vorher 2,517. Aus Sicherheitsgründen erhielten sowohl die Loks als auch die Wagen Vollscheibenräder anstatt der herkömmlichen Bauweise mit auf Radsterne aufgepressten Radreifen. Zur Verringerung des Luftwiderstands bei den zu erwartenden hohen Geschwindigkeiten mussten die beiden Versuchszüge mit je drei Wagen noch optimiert werden. Nach ausgiebigen Versuchen mit Modellen im lufttechnischen Institut von St. Cyr entfernte man bei den Wagen

CC-7107
SNCF
Locomotive électrique – 1,5 kV

Mit 326 km/h blieb die CC-7107 im Jahr 1955 nur knapp unter dem Weltrekord ihrer Konkurrentin und kann heute ebenfalls im Eisenbahnmuseum in Mulhouse bewundert werden.

Lüfter, Trittbretter sowie Einsteiggriffe und verschloss vollständig die Zwischenräume zwischen den Fahrzeugen durch Faltenbälge. Den beiden Schlusswagen verpasste man einen strömungsgünstigen Anbau zum Ableiten des Sogs. Kleinere Anpassungen erfolgten auch bei den Loks und so konnte der Luftwiderstand um rund 20 % vermindert werden. Ferner spendierte man Loks und Wagen neuartige Bremsklötze zur besseren Ableitung der erwarteten großen Wärmemengen. Als größtes Problem entpuppte sich aber ein Stromabnehmer, der in er Lage sein musste, die bei 300 km/h vermutlich erforderliche Stromstärke von 4.000 A abzunehmen. Nach Konstruktion eines neuartigen Stromabnehmers und ausgiebigen Tests war auch diese Klippe glücklich umschifft.

Für die Versuche stand die 1927 elektrifizierte Strecke Bordeaux – Hendaye zur Verfügung. Sie besaß mit dem Abschnitt Larnorhe – Morcenx eine gerade Strecke von 47 km Länge, unterbrochen von nur einer einzigen Kurve mit einem Radius von 3.100 m. Sie wies nur einen Nachteil auf, denn die Fahrleitung bestand aus einem einzigen Fahrdraht. Bei einem durchschnittlichen Mastabstand von 90 m dehnte sich dieser bei heißem Wetter beträchtlich aus und hing dann aufgrund des hohen Gewichts wegen seines großen Leitungsquerschnitts entsprechend durch. Somit mussten die Versuche bei möglichst niedriger Außentemperatur stattfinden, so dass der Fahrleitungsdurchhang nur gering war. Die Strecke selbst befand sich in einem guten Zustand, es wurden lediglich die Gleisstöße etwas nachgestopft und kleinere Lagefehler des Gleises korrigiert. Hingegen musste die Stromversorgung der Strecke für die Versuchsfahrten verstärkt werden, da an jedem Punkt der Strecke die Abnahme einer Höchststrommenge erfolgen konnte. Um dem Problem Lichtbögen zwischen Rad und Schiene bei hohen Geschwindigkeiten zu begegnen, erhielten die beiden ersten Wagen der Züge eine Vorrichtung zur Ableitung eines Teils des aufgenommenen Stroms.

Ab dem 17. März 1955 begannen schließlich die Versuchsfahrten, doch das Wetter spielte nicht mit, es herrschten frühlingshafte Temperaturen von bis zu 28° C. Ein erster Rekordversuch am 27. März mit der BB 9004 und ihren drei Wagen endete bei 276 km/h, es war noch zu warm. Doch für die nächsten Tage

Der »Faltenbalg« am Kopf der CC-7107 zum ersten Wagen sollte den Luftwiderstand minimieren.

Auch die BB-9004 erhielt eine gummiähnliche Haube zur Schließung der Lücke zum ersten Wagen.

Geschlossener Spalt zwischen BB-9004 und nachfolgendem Wagen mit »Faltenbalg«.

Die beiden Endwagen der Versuchszüge erhielten stromlinienförmige Enden.

kündigte der Wetterbericht Abkühlung an. Einen Tag später herrschte mittags eine Temperatur von nur noch 12° C und die CC 7107 wurde auf die Strecke geschickt. Schließlich zeigte die Nadel des Fahrtschreibers auf 326 km/h, bis plötzlich der Bügel des Stromabnehmers schmolz, dann zerbrach und der Zug langsam ausrollte. Doch ein Weltrekord war erreicht – und was für einer. Erstmals in der Geschichte der Eisenbahn hatte ein Schienenfahrzeug die bis dahin unüberwindbare Grenze von 300 km/h durchbrochen. Und nach einer Kontrolle von Gleis und Oberleitung waren auch keinerlei Beschädigungen erkennbar. Am nächsten Tag sollte nun die BB 9004 ihre Qualitäten beweisen. Die äußerlichen Bedingungen waren noch besser, die Temperatur betrug nur 5° C. Die Lok beschleunigte zügig auf 290 km/h, doch dann gab es wieder einen Blitz und der Bügel des hinteren Stromabnehmers war durchgeschmolzen. Aber sofort wurde der vordere Abnehmer hochgezogen und der Zug beschleunigte wieder. Schließlich zeigte die Nadel des Tachometers 331 km/h und der am Fahrschalter agierende Ingenieur schaltete die Leistung herunter. Dabei geriet die Lok aber für kurze Zeit in starke Querschwingungen, rollte

Am Schluss ihrer Karriere sah man die CC 7100 oft vor Güterzügen, so auch hier die CC-7118 beim Verlassen des Überholgleises in Pontamafrey auf der Maurienne-Strecke in Savoyen.

aber dann langsam aus. Hinterher zeigten sich Verformungen des Oberbaus auf einer Länge von rund 500 m, da die Laufstabilität der Lokomotive nicht mehr ausreichend gewesen war.

Eine kleine Unwahrheit am Rande: Da die CC 7107 nur einen statt zwei Stromabnehmern benutzt hatte, gab man aufgrund des geringen Geschwindigkeitsunterschieds für beide Loks dieselbe erreichte Geschwindigkeit von 331 km/h an, so dass beide Hersteller ihr Gesicht wahren konnten. Die Versuche bewiesen, dass sogar unterschiedliche, für 200 km/h ausgelegte Typen in hohem Umfang überlastbar sind und weitaus höhere Geschwindigkeiten erreichen können. So setzte französischer Ingenieursgeist in Zusammenarbeit mit der SNCF eine Rekordmarke, die in den nächsten Jahrzehnten nicht überboten werden sollte.

Shinkansen forever

In der zweiten Hälfte der 1950er Jahre litten die japanischen Staatsbahnen JNR unter einem ernsten Problem: Die Kapazitäten der 556 km langen kapspurigen (1.067 mm) Tokaido-Strecke von Tokio nach Osaka, dem Industrie- und Handelszentrum Westjapans, waren weitgehend ausgereizt, selbst als im Herbst 1956 schließlich ihre Elektrifizierung vollendet war.

Auf dieser Strecke wurden 24 % des gesamten Fahrgastaufkommens und 23 % des gesamten Güteraufkommens der Staatsbahn abgewickelt. Und das Transportvolumen erhöhte sich jährlich um weitere 7,6 %. Nach längeren Überlegungen entschied die Regierung im Dezember 1958, eine neue Hochgeschwindigkeits-Normalspurstrecke (Shin-Kan-Sen = Neue Hauptstrecke) entlang der Tokaido-Linie zu bauen, was wohl nicht zuletzt den »Vätern des Shinkansens« Shima Hideo und Sogō Shinji zu verdanken war. Nachdem Anfang 1960 auch die Finanzierung über einen Kredit bei der Weltbank gesichert war, konnte der Bau starten mit der obersten Priorität, den »Shinkansen« vor Oktober 1964 in Betrieb zu nehmen, denn da sollten in Tokio die Olympischen Spiele beginnen.

Entsprechend der definierten Standards betrug bei der Neubaustrecke der kleinste Kurvenradius 2.500 m, die maximale Steigung 1:50 und die Höchstgeschwindigkeit 210 km/h (heute 270 km/h). Elektrifiziert wurde mit Wechselstrom 25 kV / 60 Hz und die gesamte Strecke wies keine höhengleichen Straßenkreuzungen auf. Höchst fortschrittliche Sicherheitssysteme, einschließlich einer Führerstandsignalisierung und einer automatischen Geschwindigkeitssteuerung (ATC – automatic train speed control), kamen zur Anwendung. Am 1. Oktober 1964 konnte der Tokaido-Shinkansen rechtzeitig zu den olympischen Spielen eröffnet werden. Zum ersten Mal in der Welt erreichte mit dem Shinkansen ein Zug regelmäßig die 200 km/h-Marke und demonstrierte gleichzeitig das hohe Sicherheitsniveau der Bahn. Zuvor hatte die japanische Bahntechnologie international kein großes Ansehen genossen, was zum Teil seine Ursachen in den kapspurigen Beschränkungen hatte. Jedoch mit dem Erfolg des Shinkansen fing Japans Bahnwelt an, globale Aufmerksamkeit zu erregen.

Der Tokaido-Shinkansen entwickelte sich zum weltweiten Vorbild für Hochgeschwindigkeitsverkehre wie z.B. der französische TGV oder der deutsche ICE. Nach seinem Erfolg wurde mit dem Bau des Sanyo-Shinkansen begonnen, um den Shinkansen nach Westen zu verlängern. Die Neubaustrecke erreichte 1975 Hakata

Die Shinkansen-Baureihe 300 auf dem Tokaido-Shinkansen am 2. Januar 2008.

(Fukuoka) auf der Insel Kyushu. Die Strecke zeichnet sich durch viele Tunnels aus, darunter der bemerkenswerte 18,7 km lange Kanmon-Tunnel unter der Meeresenge zwischen den Inseln Honshu und Kyushu. Die öffentliche Meinung forderte nun vehement den Bau von Shinkansen-Strecken im ganzen Land. Daher entschied die japanische Regierung, den Bau weiterer Verlängerungen zu fördern. Sie verabschiedete 1970 das »Gesetz über die landesweite Shinkansen-Entwicklung«. Da aber die Baukosten für die Shinkansen-Strecken immer mehr in schwindelerregende Höhen stiegen, nicht zuletzt wegen der immer schwieriger werdenden Topographie, suchte man nach preisgünstigeren Alternativen. So kam man auf die Idee, eine Kapspurstrecke einfach auf Normalspur umzunageln und so entstand der Mini-Shinkansen. Auf diesen umgespurten Kapspurstrecken blieb allerdings die Höchstgeschwindigkeit begrenzt. Da auch das Lichtraumprofil nicht vergrößert wurde, mussten spezielle Züge verwendet werden. Der Shinkansen-Boom blieb weiterhin ungebrochen, doch naturgemäß reduzierte sich im Laufe der Jahre die Zahl der Streckeneröffnungen. Im Jahr 2016 umfasste das Shinkansen-Netz eine Gesamtlänge von 3.051 km (siehe Kasten).

Während der Staatsbahn-Zeiten wurden bis 1987 oftmals mehrere hundert, teilweise sogar über 3.000 Waggons einer einzigen Baureihe im einheitlichen Design beschafft. Doch echte Staatsbahnen gibt es heute in Japan nicht mehr, die JNR wurden 1987 in sechs regionale JR-Personenverkehrs- und eine landesweite Güterverkehrs-Gesellschaft aufgeteilt. Bei dieser Aufteilung spielte die Geographie Japans eine wichtige Rolle. Den Personenverkehr und das Streckennetz auf den drei kleineren Hauptinseln Hokkaido, Shikoku und Kyushu übernahm je eine Gesellschaft gleichen Namens, den Verkehr und die Strecken auf Honshu teilten sich drei Unternehmen: JR East den Ballungsraum Tokio und die ländlichen Regionen im Nordosten Japans, JR Central den Ballungsraum Nagoya mit Zentraljapan und JR West den Ballungsraum Osaka sowie das ländliche Westjapan. Sowohl die JNR als auch nach 1987 die regionalen JR-Gesellschaften benötigten natürlich vor der Beschaffung neuer Serienzüge entsprechende Versuchstriebwagen, die auch bemerkenswerte Geschwindigkeitsrekorde aufstellten und nachfolgend vorgestellt werden.

Das Shinkansen-Netz

- Tōkaidō-Shinkansen (Tokio – Nagoya – Osaka, 515,4 km)
- San'yō-Shinkansen (Osaka – Okayama – Hiroshima – Kokura – Hakata, 553,7 km)
- Hakata-Minami-Linie (Hakata – Hakata-minami, 8,5 km)
- Kyûshû-Shinkansen (Hakata – Yatsushiro – Kagoshima-Chuo, 256,8 km)
- Tōhoku-Shinkansen (Tokio – Ueno – Omiya – Fukushima – Sendai – Morioka – Hachinohe – Aomori, 674,9 km)
- Hokkaidō-Shinkansen (Aomori – Hakodate, 148,9 km)
- Jōetsu-Shinkansen (Omiya – Takasaki – Niigata, 269,5 km)
- Gāla-Yuzawa-Linie (Echigo-Yuzawa – Gāla-Yuzawa, 1,8 km)
- Hokuriku-Shinkansen (Takasaki – Nagano – Toyama – Isurugi – Kanazwa, 345,4 km)
- Yamagata-Mini-Shinkansen (Fukushima – Yamagata – Shinjo, 148,6 km)
- Akita-Mini-Shinkansen (Morioka – Akita, 127,3 km)

Nur als zeichnerisches Kunstwerk kann die Prototyp-Einheit A der Baureihe 1000 bewundert werden.

Die Prototypen (Baureihe 1000)

In den Jahren 1961 und 1962 wurden von verschiedenen Herstellern sechs Prototyp-Fahrzeuge geliefert, mit denen zwei Versuchstriebzüge wie folgt gebildet wurden:

- Einheit A aus den Wagen 1001 + 1002
- Einheit B aus den Wagen 1003 + 1004 + 1005 + 1006

Alle Wagen besaßen einen geschweißten Stahlaufbau. Die Frontfenster der Endwagen waren mit Ausnahme des Endwagens 1006 rund ausgeführt. Letztendlich kamen dann aber bei der Serie die rechteckigen Führerstandsfenster des 1006 zur Anwendung. Ungewöhnliche längliche sechseckige Seitenfenster besaß Wagen 1004, der mit einem anderen Aufbau aufwartete. Im Innern der Züge wurden sieben verschiedene Sitzplatzanordnungen ausprobiert, so u.a. fest installierte, Rücken-an-Rücken ausgeführte Sitzgruppen oder Sitze mit umklappbaren Rückenlehnen. Letztere wurden schließlich bei der Serie verwendet. Für den Testbetrieb standen 37 km Neubaustrecke zwischen Kamonomiya und Ayase zur Verfügung. Im Oktober 1962 erreichte die B-Einheit erstmals die 200 km/h-Marke und am 30. März 1963 stellte diese Einheit mit 256 km/h einen neuen japanischen Rekord sowie einen Weltrekord für Triebwagen auf. Mit Aufnahme des Regelbetriebs auf dem Tokaido-Shinkansen im Juli 1964 wurde die Einheit A in einen Hilfszug für Notfälle (Baureihe 941) und die Einheit B in einen Testzug der Baureihe 922/0 umgebaut. Beide Prototypen wurden im August 1976 außer Dienst gestellt und anschließend verschrottet.

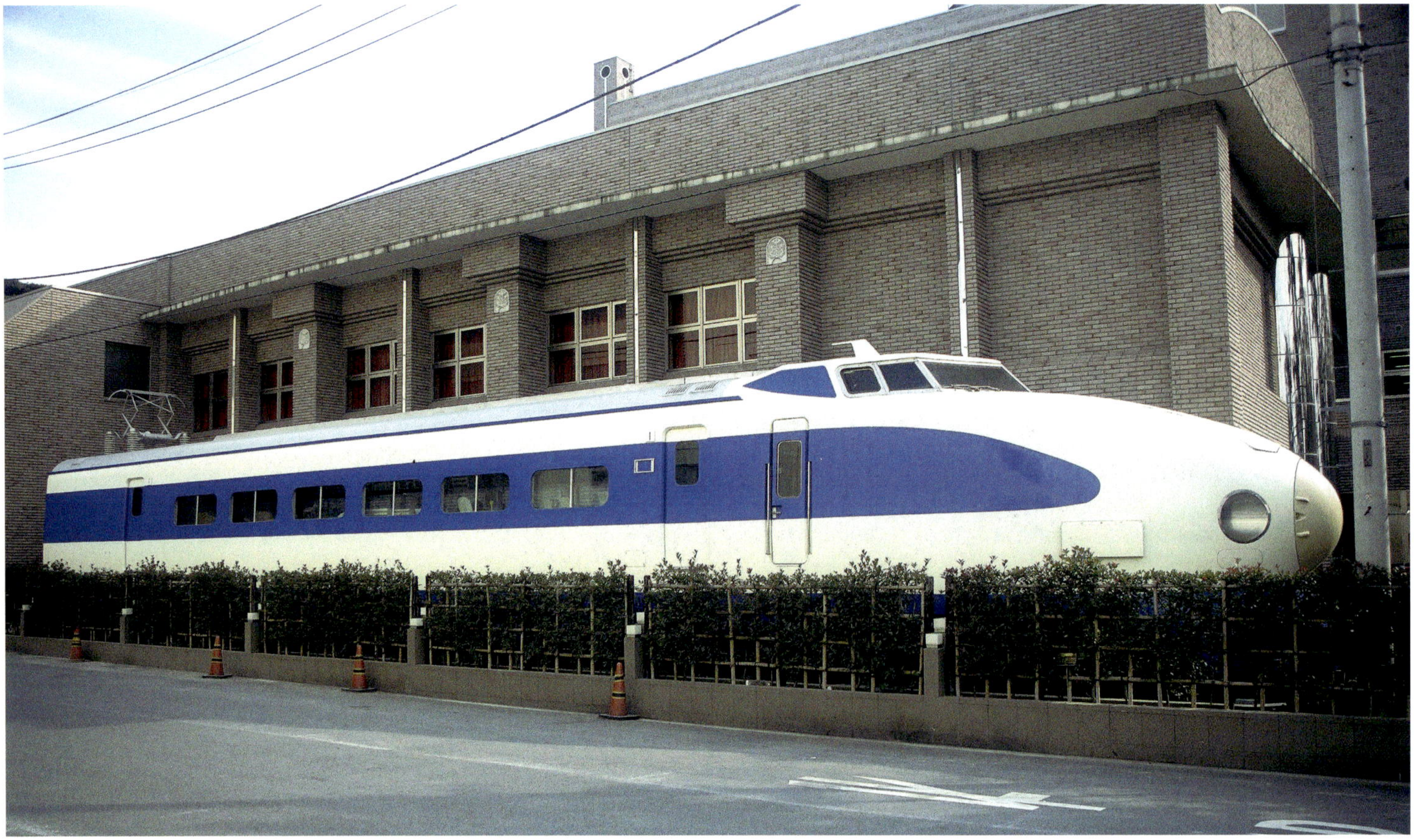

Der erhaltene Triebkopf 951-1 des Versuchstriebwagens 951 an der Hikari Plaza in Kokubunji (Tokio).

Der Testzug 951

Am 26. März 1969 präsentierten die JNR einen zweiteiligen, allachsgetriebenen Versuchstriebwagen zur Erprobung der Technologie für einen kommerziellen Betrieb mit Geschwindigkeiten bis 250 km/h. Dabei stellte Kawasaki den Wagen 951-1 her und Nippon Sharyo den Wagen 951-2. Zur Gewichtsersparnis wurden beim Kastenbau Aluminium-Legierungen verwendet und die Wagenkästen erstmals druckertüchtigt ausgeführt.

Erste Probefahrten erfolgten am 2. Juli 1969 auf dem Tōkaidō-Shinkansen. Weitere Versuche fanden dann auf dem noch nicht eröffneten Sanyo Shinkansen statt, wo der Zug am 24. Februar 1972 zwischen Himeji und Nishi-Akashi mit 286 km/h einen neuen Geschwindigkeitsweltrekord aufstellte. Am 11. April 1980 musste der 951 den Dienst quittieren. Der Wagen 951-1 ging 1994 zur öffentlichen Präsentation an das Hikari Plaza Community Centre, der Wagen 951-2 wurde 2008 verschrottet.

Der Versuchszug der Baureihe 961 wartet 1987 im Depot Sendai auf seine weitere Verwendung.

Erhalten blieben bis heute die beiden Triebköpfe 961-1 und 961-6 des Versuchszuges 961 im Shinkansen-Depot Sendai.

Der Testzug 961

Für die geplanten Tohoku- und Joetsu-Shinkansen stellten die JNR zum Testen neuer Technologien und Designs im Juli 1973 den sechsteiligen Versuchstriebwagen 961 in Dienst. Das allachsgetriebene Fahrzeug mit insgesamt 6.600 kW Leistung sollte sich vor allem bei den kalten und schneereichen Bedingungen im Nordosten Japans bewähren. Noch vierteilig gab es erste Probefahrten ab 17. Juli 1973 auf dem Sanyo-Shinkansen zwischen Osaka und Himeji. Sechsteilig ging es dann ab dem 1. August 1973 über den Tōkaidō-Shinkansen zwischen Hamamatsu und Nagoya. Ab dem 16. September 1974 wurde der Zug auf dem noch nicht eröffneten Abschnitt des Sanyo-Shinkansen zwischen Okayama und Fukuyama getestet, aber im März 1975 zunächst einmal eingemottet.

Erst am 11. Mai 1979 wurde der 961 wieder in Betrieb genommen und für Hochgeschwindigkeitsversuche zur »Oyama Teststrecke« auf dem im Bau befindlichen Tohoku-Shinkansen überführt. Der Testbetrieb begann am 5. Juni 1979 und ab dem 9. Juni zierte sogar ein Schriftzug »High-Speed-Test Train« die Nase des Zuges. Das ganze gipfelte in einer Rekordfahrt am 7. Dezember 1979 mit einem Geschwindigkeitsweltrekord von 319 km/h. Nach der Eröffnung des Tohoku-Shinkansen 1982 benötigte man den 961 nicht mehr, er wurde wieder abgestellt und am 10. August 1990 schließlich ausgemustert. Als Museumsfahrzeuge blieben die Endwagen 961-1 und 961-6 erhalten.

Der »Doctor Yellow« (Baureihe 925-10)

Die Ursprünge des Inspektionsfahrzeugs »Doctor Yellow« 925-10 liegen in dem sechsteiligen Versuchstriebwagen 962, welcher 1979 als Prototyp für die neue Baureihe 200 der Tohoku- und Joetsu-Strecken in Betrieb genommen worden war. Bis 1982 wurde der Zug auf beiden Strecken für Testfahrten benötigt, dann erfolgte ab Januar 1983 der Umbau in einen Inspektionstriebwagen S2 für Gleise und Oberleitung (Baureihe 925-10). Hinzugefügt wurde ein weiterer Wagen, der zur Messung des Gleiszustands diente, so dass der Zug nun siebenteilig unterwegs war. Bei Messfahrten auf dem Tohoku-Shinkansen erzielte der 925 zum Teil erstaunliche Geschwindigkeiten wie am 29. Oktober 1984 mit 261,0 km/h und am 21. Oktober 1985 mit 272,0 km/h. Bis zum 25. Januar 2003 versah dieser »Doctor Yellow« seinen Dienst, dann wurde er durch einen neuen Triebwagen ersetzt.

Die Reihe 100

Die Züge der Baureihe 100 repräsentieren die zweite Shinkansen-Generation zum Einsatz auf den Tokaido- und Sanyo-Strecken. Insgesamt 1.056 Fahrzeuge (= 66 16-teilige Einheiten) wurden zwischen 1984 und 1991 gebaut. Äußerlich ähnelten sie der Reihe 0, jedoch war ihre Front als »Shark-Nose« (= Haifisch-Nase) spitzer ausgeführt. Das Problem der Geräuschbelästigung durch die Stromabnehmer bei der Reihe 0 konnte minimiert werden, indem man die Zahl der Stromabnehmer verringerte. Obwohl vier antriebslose Wagen vorhanden waren, stellten leistungsfähigere Motoren (230 kW), erstmalig Thyristorsteuerung und gewichtsreduzierende Maßnahmen eine »theoretische« Höchstgeschwindigkeit von 270 km/h sicher. Eine Einheit führte ab dem 27. März 1985 verschiedene Testfahrten durch: Zuerst wurden auf dem Abschnitt Tokio – Mishima der Tōkaidō-Strecke bis zu 230 km/h

An seinem letzten Betriebstag am 25 September 2002 passiert der »Doctor Yellow« 925-10 (ex Versuchszug 962) der JR East den Bahnhof Takasaki.

Als »Kodama« steht die Einheit K56 der Baureihe 100 am 20. November 2009 zur Abfahrt im Bahnhof Aioi bereit.

erreicht und einige Monate später auf der Sanyo-Strecke zwischen den Bahnhöfen Ogōri und Shimonoseki sogar bis zu 260 km/h. Doch wegen der nach wie vor vorhandenen Lärmbelästigung für die Fahrgäste blieb die Höchstgeschwindigkeit zunächst auf 220 km/h beschränkt. Erst ab 1989 wurde sie bei den modifizierten 100N »Grand Hikari« des Sanyo-Shinkansen auf 230 km/h erhöht. Mit dieser Variante war eine Höchstgeschwindigkeit von 275 km/h auf einer Hälfte der Sanyo-Strecke geplant, um die Reisezeit zwischen Osaka und Hakata auf 2 Std. 30 Min. zu reduzieren. Bei einer Testfahrt erreichte ein 100N im Februar 1992 eine Höchstgeschwindigkeit von 277,2 km/h, doch da die Lärmgrenzwerte nicht eingehalten werden konnten, blieb es bei einer HG von 230 km/h.

Die Reihe 200

Für den Einsatz auf den Tohoku- und Joetsu-Shinkansen wurden zwischen 1980 und 1986 insgesamt 700 Fahrzeuge der Baureihe 200 in Dienst gestellt. Ihr Design lehnte sich ebenfalls stark an die Reihe 0 an, jedoch waren die Wagenkästen zur Gewichtsverringerung nun aus einer Aluminiumlegierung gefertigt. Alle Wagen der zunächst zwölfteiligen Einheiten waren angetrieben, um die hohen Geschwindigkeiten auf den steilen Gebirgsstrecken zu ermöglichen. Zum Schutz vor Schnee erhielten die Fahrzeuge spezielle Verkleidungen an den Drehgestellen und an der Unterflurausrüstung, Mini-Schneepflüge an jedem Ende sowie geänderte Belüftungsöffnungen für die Klimaanlage. Die Fronten der Unterserie 200-2000 waren im »Haifisch-Nasen-Look« der Baureihe 100 ausgeführt. Um die Eignung für eine Höchstgeschwindigkeit von 275 km/h zu erproben, gab es in den Jahren 1986-1989 diverse Hochtastfahrten mit bis zu 276 km/h. Dies gipfelte in einer Leistungsverbesserung von vier Einheiten ab März 1990 für 275 km/h, welche im Ohshimizu-Tunnel auf der Jōetsu-Strecke in Richtung Niigata als schnellste »Asahi«-Verbindungen zum Einsatz kamen.

Die 16-teilige Einheit H6 der Baureihe 200 (JR East) steht am 1. Juni 2002 abfahrbereit im Hauptbahnhof von Tokio.

Ein Shinkansen der Baureihe 300 auf dem Sanyō Shinkansen fährt am 10. November 2009 in den Bahnhof Odawara ein.

Die Reihe 300

Die 16-teiligen Züge der Baureihe 300 wurden ab 1992 von JR Central und JR West beschafft, um die mit einer Geschwindigkeit von 270 km/h auf der Tokaido- und Sanyo-Strecke verkehrenden, sogenannten »Super Hikari«-Züge einzuführen. Vor der Serienfertigung wurden mit einem ersten Prototyp J0 (Baureihe 300-9000) ab dem 8. März 1990 zahlreiche Tests durchgeführt. Dabei erzielte der Zug am Morgen des 1. März 1991 die Höchstgeschwindigkeit von 325,7 km/h auf dem Tōkaidō-Shinkansen zwischen Maibara und Kyoto und damit neuen japanischen Rekord. Schließlich wurde im März 1992 die Serienreife bestätigt und bis 1998 insgesamt 1.120 Fahrzeuge (70 Einheiten) gebaut. Eine Einheit bestand aus zehn angetriebenen und sechs antriebslosen Wagen. Äußerlich unterschieden sie sich von den früheren Triebzügen durch eine völlig neue Kopfform sowie niedrigere Wagenkästen, welche aus Aluminium gefertigt wurden. Erstmals sorgten Drehstrom-Asynchronmotoren mit einer Leistung von 300 kW für den nötigen Antrieb.

Bis Fukushima fahren am 11. März 2008 der Mini-Shinkansen der Reihe 400 (vorne) und die Einheit der Reihe E4 (hinten) vereinigt, dann trennen sich ihre Wege.

Die Reihe 400

Hinter dieser Baureihe verbargen sich die ersten »Mini-Shinkansen« zum Einsatz auf umgespurten Kapspurstrecken sowie auf normalen Shinkansen-Strecken. Wegen des eingeschränkten »Kapspur-Lichtraumprofils« mussten die Wagenkästen sowohl schmaler als auch kürzer ausgeführt werden. JR stellte für die umgespurte, kurvenreiche Strecke von Fukushima nach Yamagata im Oktober 1990 einen ersten sechsteiligen, allachsgetriebenen Vorserienzug S4 in Dienst. Die Testfahrten begannen am 14. November 1990 zunächst auf der Ōu Hauptstrecke zwischen Niwasaka und Itaya. In den Blickpunkt der Öffentlichkeit gelangte der »Mini-Shinkansen« aber erst nach dem Aufstellen eines neuen japanischen Geschwindigkeitsrekords von 336 km/h im Yuzawa-Tunnel auf der Jōetsu-Strecke am 26. März 1991. Doch es ging noch weiter, denn am 19. September 1991 konnte das Ganze auf demselben Abschnitt noch auf 345 km/h gesteigert werden. Im Frühjahr 1992 waren die Versuche beendet und der Prototyp S4 wurde anschließend auf Serienstandard umgerüstet. Elf weitere Einheiten stellte JR East dann 1992 für den Einsatz als »Tsubasa« zwischen Tokio und Yamagata in Dienst. Auf der Shinkansen-Strecke konnte die Höchstgeschwindigkeit 240 km/h ausgefahren werden, auf der umgespurten Strecke war bei 130 km/h Schluss. Letztmalig besorgten bei der Baureihe 300 Gleichstrommotoren (210 kW) mit Thyristorsteuerung den Antrieb.

Beide Triebköpfe des WIN350 blieben erhalten: hier der Triebkopf 500-906 im Shinkansen-Depot Hakata.

Der WIN350 (Baureihe 500-900)

Anfangs der 1990er Jahre ließen die drei Bahngesellschaften JR East, JR Central und JR West je einen Versuchszug entwickeln zur Erprobung der Technologie für einen kommerziellen Betrieb mit Geschwindigkeiten von 350 km/h oder höher. Schwerpunkte bildeten hierbei die Bereiche Lärm, Tunnelknall, Druckwellen im Tunnel bei Begegnungen und Bodenerschütterungen. Als WIN350 ging im April 1992 bei der JR West ein sechsteiliger Versuchstriebwagen in Betrieb. Gebaut wurde die Wagen 500-901 bis 903 von Kawasaki, die Wagen 500-904 bis 906 von Hitachi. Die beiden Endwagen wiesen unterschiedliche Fronten auf, wobei der 500-906 mit einem Bug im »Cockpit«-Stil glänzte. Der Antrieb des Triebzuges erfolgte über 300 kW-Drehstrommotoren auf alle Radsätze.

Ausgiebige Erprobungen erfolgten und am 6. August 1992 gipfelte dies in einem neuen japanischen Geschwindigkeitsrekord mit 345,8 km/h auf dem Sanyo-Shinkansen. Zwei Tage später ging es zwischen Yamaguchi und Shimonoseki mit 350,4 km/h sogar noch ein wenig schneller zur Sache. Mit einer besonderen Abschiedszeremonie wurde der WIN350 am 31. Mai 1996 außer Dienst gestellt. Die beiden Endwagen 500-901 und 905 mit ihren markanten Köpfen blieben erhalten, der Rest wurde verschrottet.

Der STAR 21 (Baureihe 952/953)

Zum Testen neuer Technologien im noch schnelleren Hochgeschwindigkeitsverkehr beschaffte die JR East den neunteiligen Versuchszug STAR 21, was für »Superior Train for the Advanced Railway toward the 21st century« (= Bester Zug für die fortschrittliche Bahn auf dem Weg ins 21. Jahrhundert) stand. Aufgebaut war der Triebwagen aus zwei unterschiedlichen Halbzügen, wobei der eine als Baureihe 952 vier Wagen mit herkömmlichen Drehgestellen aufwies. Der zweite Halbzug als Baureihe 953 besaß fünf Wagen, die mit Ausnahme der beiden Enddrehgestelle auf Jakobsdrehgestellen ruhten. Beim Bau der Wagen durften sich die Hersteller Nippon Sharyo (Wagen 1 bis 3 mit Wagenkästen aus geschweißten Aluminium-Strangpressprofilen), Hitachi (Wagen 4 und 5 mit Wagenkästen aus Aluminium-Wabenplatten) und Kawasaki (Wagen 6 bis 9 mit Wagenkästen aus Duraluminium) beweisen. Beide Endwagen wiesen leichte Unterschiede auf, besaßen aber beide eine keilförmige, seitlich nur leicht eingezogene Kopfform. Ungewöhnlich für japanische Verhältnisse war die Antriebskonfiguration: Beim Halbzug 953 besaßen alle Radsätze der Jakobsdrehgestelle Drehstrommotoren mit je 330 kW, beim 952 waren nur zwei der Wagen angetrieben. Die insgesamt 16 Motoren wurden über GTO-Frequenzumrichter gespeist und lieferten insgesamt eine Leistung von 5.280 kW. Zu Testzwecken kamen beim STAR 21 gleichzeitig acht unterschiedliche Drehgestelle zum Einsatz.

Triebkopf 953-5 und Mittelwagen 953-1 des »STAR 21« der JR East haben im Shinkansen-Depot Sendai eine letzte Ruhestätte gefunden.

Nach Auslieferung des Zuges im März 1992 an JR East gelangte er alsbald zu Versuchsfahrten auf die Jōetsu-Strecke, wo die neuen Komponenten ihre Eignung für den Hochgeschwindigkeitsbetrieb beweisen sollten.
Ein halbes Jahr später am 30. Oktober 1992 stellte der STAR 21 zwischen Urasa und Niigata mit 353 km/h einen neuen japanischen Geschwindigkeitsrekord auf und toppte dies zwei Tage später zwischen Tsubame-Sanjō und Niigata mit 358 km/h.

Um noch höhere Geschwindigkeiten zu erreichen, wurden 1993 die acht Radsätze der antriebslosen Wagen des Halbzuges 952 ebenfalls mit Fahrmotoren ausgestattet. Damit stieg die Leistung auf 7.920 kW. So mit »Booster« versehen folgten weitere Rekordfahrten und noch am 13. Dezember überschritt der Zug mit 420 km/h erstmals die magische 400 km/h-Marke. Acht Tage später konnte dies ebenfalls zwischen Tsubame-Sanjō und Niigatanoch noch auf 425 km/h gesteigert werden. 1998 musste der STAR 21 offiziell seinen Dienst quittieren. Erhalten blieben der Endwagen des Halbzuges 952 sowie ein Endwagen und der letzte Mittelwagen des 953. Die restlichen Teile wanderten mit Ausnahme eines Drehgestells auf den Schrott.

Der »schnabelförmige« Triebkopf 955-1 des »300X« kann heute auf dem Windtunnel-Testgelände in Maibara bewundert werden.

Der 300X (Baureihe 955)

Ende 1994 erhielt die JR Central ihren sechsteiligen Versuchszug »300X«. Gleich vier Hersteller kamen dabei zum Zuge: Mitsubishi produzierte den aus vernietetem Duraluminium bestehenden Endwagen 955-1 mit »Höcker«-Nase, Nippon Sharyo die Mittelwagen 955-2 und -4 aus Aluminium-Strangpressprofilen. Kawasaki lieferte den Mittelwagen 955-3, aufgebaut mit punktgeschweißten großen Aluminiumprofilen. Hitachi beendete den Reigen mit dem Mittelwagen 955-5 und dem Endwagen 955-6 mit einer keilförmig gerundeten Front, beide gefertigt mit Aluminium-Wabenplatten.

Das große Hanshin-Erdbeben im Januar 1995 verhinderte zunächst wegen umfangreicher Gleisschäden auf dem Tokaido-Shinkansen ausgiebige Versuchsfahrten, doch ab dem 25. Mai 1995 ging es dann zwischen Maibara und Kyoto richtig los. Am 21. September 1995 erreichte der 300X erstmals eine Höchstgeschwindigkeit von 354,1 km/h. Doch der Zug hatte noch viel mehr zu bieten. Am 11. Juli 1996 übertraf er mit 426,6 km/h den bisherigen nationalen Geschwindigkeitsrekord von 425,0 km/h des »STAR 21« von JR East. Schließlich setzte er noch einen drauf und raste am 26. Juli 1996 mit 433,0 km/h über die Strecke. Dieser japanische Rekord ist bis heute ungebrochen. Am 1. Februar 2002 hatte der 300X dann offiziell ausgedient, doch blieben die beiden außergewöhnlichen Endwagen erhalten.

Der eher »keilförmige« Triebkopf 955-6 des »300X« hat hingegen eine neue Heimat im Eisenbahnmuseum »SCMaglev and Railway Park« in Nagoya gefunden.

Japanische Geschwindigkeitsrekorde

Datum	Baureihe	Strecke	Geschwindigkeit	
			km/h	mph
31.10.1962	B	Kamonomiya-Teststrecke	200,0	125,0
30.03.1963	B	Kamonomiya-Teststrecke	256,0	159,0
24.02.1972	951	Sanyo-Strecke	286,0	177,7
28.11.1979	961	Oyama-Teststrecke	292,0	181,0
30.11.1979	961	Oyama-Teststrecke	304,0	189,0
07.12.1979	961	Oyama-Teststrecke	319,0	198,2
22.09.1983	925	Tohokuo-Strecke	240,0	149,0
29.10.1984	925	Tohoku-Strecke	261,0	162,0
21.10.1985	925	Tohoku-Strecke	272,0	169,0
20.08.1985	100	Tokaido-Strecke	230,0	143,0
02.09.1985	100	Sanyo-Strecke	260,0	162,0
20.11.1986	200	Tokoku-Strecke	271,0	168,0
02.12.1988	200	Tohoku-Strecke	276,0	171,0
08.09.1989	200/2000	Joetsu-Strecke	275,0	170,9
28.02.1991	300	Tokaido-Strecke	325,7	202,4
26.03.1991	400	Joetsu-Strecke	336,0	208,8
19.09.1991	400	Joetsu-Strecke	345,0	214,4
21.07.1992	WIN350	Sanyo-Strecke	303,0	188,3
06.08.1992	WIN350	Sanyo-Strecke	345,8	214,9
08.08.1992	WIN350	Sanyo-Strecke	350,4	217,7
30.10.1992	STAR 21	Joetsu-Strecke	353,0	219,3
01.11.1992	STAR 21	Joetsu-Strecke	358,0	222,5
10.09.1993	STAR 21	Joetsu-Strecke	363,6	225,9
15.09.1993	STAR 21	Joetsu-Strecke	372,0	231,1
13.12.1993	STAR 21	Joetsu-Strecke	420,0	261,0
21.12.1993	STAR 21	Joetsu-Strecke	425,0	264,1
21.09.1995	300X	Tokaido-Strecke	354,1	220,0
11.07.1996	300X	Tokaido-Strecke	426,6	265,1
26.07.1996	300X	Tokaido-Strecke	443,0	275,3

Der TGV – Eine Erfolgsstory

Die Ölkrise von 1973 ließ Frankreich eine zu große Abhängigkeit vom Öl erkennen, denn Frankreich musste ja in großem Maße Öl importieren. Daher beschloss die Regierung nun den vermehrten Bau von Kernkraftwerken sowie eine Intensivierung des Hochgeschwindigkeitsverkehrs auf der Schiene.

Nur im Sommer möglich: Im späten Abendlicht passiert der TGV nach München den Bahnhof Beimerstetten, hier die POS-Einheit 4402 mit dem Weltrekord-Triebkopf am 2. Juli 2010.

Zwar schien noch zu Beginn der 1970er Jahre dem Aerotrain von Jean Bertin die Zukunft zu gehören, doch rückte alsbald Alsthom mit dem TGV (Train à grande vitesse = Hochgeschwindigkeitszug) in den Blickpunkt des Interesses. Nachdem Alsthom versicherte, dass der mit Gasturbine angetriebene TGV-Prototyp auch problemlos als elektrischer Triebzug konfiguriert werden könne, ging es an die Planung einer ersten neuen Hochgeschwindigkeitsstrecke von Paris nach Lyon.

Die 1981 erfolgte Inbetriebnahme des TGV Sud-Est zwischen Paris und Lyon war ein Meilenstein in der französischen Verkehrs- und Eisenbahngeschichte, von ähnlicher Wichtigkeit wie die Vorstellung des Shinkansen 1964 in Japan. Seit dem ersten »Bullet Train« hat der Hochgeschwindigkeitsverkehr auf der Schiene großen technischen und kommerziellen Erfolg in all den Ländern genossen, welche die Technologie angenommen haben. Hochgeschwindigkeitsverkehr ist nicht nur schnell, er hat sich auch als ein sicheres, bequemes und leistungsfähiges Transportmittel für die ganze Bevölkerung erwiesen. Kurz gesagt, er hat den Schienenverkehr wiederbelebt und gilt als ein Symbol einer modernen Gesellschaft. Seit Ende 2017 umfasst das französische Hochgeschwindigkeitsnetz der LGV (Lignes à grande vitesse = Hochgeschwindigkeitsstrecken) knapp 2.800 km. Dieses Netz wird derzeit von acht TGV-Bauarten mit noch diversen Unterserien bedient, von denen 240 Einheiten einstöckig und 210 Einheiten doppelstöckig ausgeführt sind.

TGV-001
318,0 km/h
08-Dec-1972

Der Triebkopf TDu 001 des TGV 001 steht an der Ausfahrt Bischheim der Autobahn A4 beim TGV-Ausbesserungswerk Bischheim.

Der TGV 001 – Gasturbine ohne Zukunft

Das Projekt »Possibilités ferroviaires sur infrastructures nouvelles« (= Möglichkeiten der Eisenbahn auf neuer Infrastruktur) rief die staatliche SNCF (Société nationale des chemins de fer français) gemeinsam mit der Industrie im Dezember 1966 ins Leben, um den Hochgeschwindigkeitsverkehr auf Neubaustrecken mit Gasturbinen-Zügen zu untersuchen. Hierfür lieferte Alsthom am 24. März 1972 den fünfteiligen Triebzug TGV 001. Er bestand aus zwei Triebköpfen und drei Mittelwagen, welche durch Jakobsdrehgestelle miteinander und mit den Triebköpfen verbunden waren. Alle zwölf Radsätze der sechs Drehgestelle wurden durch Elektromotoren angetrieben. Jeder Triebkopf besaß ein Paar Turboméca TURMO III G-Turbinen (später ersetzt durch leistungsstärkere TURMO-X-Turbinen), die mit konstanter Geschwindigkeit liefen. Ihre Leistung wurde über Generator und Gleichrichter auf die zwölf Fahrmotoren übertragen. Für die entsprechende Bremskraft sorgten eine rheostatische Bremse, eine Wirbelstrombremse, eine hydropneumatische Bremse, eine Magnetschienenbremse und eine Federspeicherbremse. Mit dem TGV 001 war auf jeden Fall die Grundkonfiguration gefunden, auf der alle weiteren TGV-Bauarten dann aufbauten.

Ab dem 4. April 1972 begann ein umfangreiches Testprogramm bezüglich Traktion, Fahrdynamik, Bremsen, Aerodynamik, Signalisierung und anderer Technologien, die für hohe Geschwindigkeiten benötigt wurden. Bis zum 19. Juni 1978 wurden insgesamt 5.227 Testfahrten absolviert. Bei einer Versuchsfahrt auf der Strecke Bordeaux – Irun erreichte der TGV 001 im Abschnitt zwischen Lamothe und Morcenx am 8. Dezember 1972 die Geschwindigkeit von 318 km/h – Weltrekord für thermisch angetriebene Fahrzeuge. Im Übrigen war dies der gleiche Streckenabschnitt, der schon

1955 den Geschwindigkeitsweltrekord von 331 km/h gesehen hatte. Nach der Entscheidung, die Entwicklung der TGV als elektrische Triebzüge fortzusetzen, wurde es zunächst still um den Gasturbinenzug, doch 1983/84 benötigte man ihn noch einmal, um Probleme mit der Sekundärfederung des TGV PSE zu klären. Nach seiner Ausmusterung blieben beide Triebköpfe erhalten: Der Triebkopf TDu 001 steht vor dem TGV-Ausbesserungswerk in Bischheim, der TDu 002 hingegen in Belfort.

Im Depot Villeneuve St. Georges wartet der TGV 001 im Mai 1975 auf seinen nächsten Einsatz.

Ein TGV-Atlantique (Einheit 306) verlässt am 5. April 2014 den Pariser Bahnhof Montparnasse.

Die TGV

Grundsätzlich sind die elektrischen TGV als zehnteilige, rund 200 m lange Einheiten mit einem Triebkopf an jedem Ende konzipiert, welche durch herkömmliche Zug- und Stoßvorrichtungen mit einem achteiligen, auf Jacobs-Drehgestellen laufenden Gliederzug aus Mittelwagen verbunden sind. Ausnahmen bilden lediglich die TGV Atlantique sowie die Eurostar-Einheiten. Alle TGV-Wagenkästen bestehen aus einer röhrenförmigen Tragbalkenstruktur, umgeben von rostfreiem Stahl, Glas und Polyester. Bei den doppelstöckigen TGV wurden zur Einhaltung der zulässigen Radsatzlast von 17,5 t die Mittelwagen weitgehend mit Aluminium-Strangpressprofilen aufgebaut. Ferner trugen viele weitere Kleinigkeiten wie z.B. gewichtsreduzierte Sitze, Kabel mit dünnerer Ummantelung, hohle Radsatzwellen und geänderte Bremsscheiben entscheidend zur Einhaltung des zulässigen Gesamtgewichts bei.

Die schon etwas derangiert wirkende PSE-Einheit 93 macht am 20. August 2012 einen kurzen Zwischenstopp am Flughafen-Bahnhof Charles de Gaulle bei Paris.

TGV
380,4 km/h
26-Feb-1981

TGV
RECORD MONDIAL DE VITESSE
515,3 km/h
LE 18 MAI 1990

SNCF
338

Das Ziel ihrer Fahrt – den Pariser Bahnhof Montparnasse – hat die TGV Atlantique-Einheit 338 am 5. April 2014 gerade erreicht.

Erster neuer Rekord – TGV PSE

Für die 1981 erfolgte Inbetriebnahme der Hochgeschwindigkeitsstrecke zwischen Paris und Lyon entstand die erste TGV-Generation – der TGV PSE (Paris Sud-Est). Zur Erzielung der benötigten Höchstgeschwindigkeit von 260 km/h waren rund 6.000 kW Antriebsleistung erforderlich. Aufgrund des Gewichts der Gleichstrommotoren und der damit zu hohen Radsatzlast mussten nicht nur die Drehgestelle der beiden Triebköpfe sondern auch ein Triebdrehgestell im auf den Triebkopf folgenden Wagen mit zwei Motoren ausgerüstet werden. Geliefert wurden 101 Zweisystemeinheiten sowie ein Reservetriebkopf, acht Dreisystemzüge und fünf fensterlose Halbzüge für die französische Post zum Verstauen von Karren und Containern mit Postsäcken.

Natürlich wollten die Franzosen auch die Leistungsfähigkeit ihres neuen Prestige-Zuges präsentieren und versuchen, einen neuen Weltrekord für Schienenfahrzeuge aufzustellen. Und so flog am 26. Februar 1981 knapp 26 Jahre nach dem unglaublichen Rekord von 1955 der entsprechend präparierte Serien-TGV (Einheit 16) über einen 63 km langen Abschnitt der für den öffentlichen Verkehr noch nicht freigegebenen Strecke Paris – Lyon und erreichte eine Geschwindigkeit von 380 km/h. Um diesen Rekord zu erzielen, kürzte man den TGV auf zwei Triebköpfe und fünf Mittelwagen, änderte die Getriebeübersetzung und erhöhte den Treibrad-Durchmesser von 920 auf 1.050 mm.

Zweiter neuer Rekord – TGV Atlantique

1989 und 1990 gingen die beiden Äste der Neubaustrecke (LGV Atlantique) von Paris nach Le Mans und Tours in Betrieb. Hierfür stellte die SNCF ihre zweite TGV-Generation – den TGV Atlantique – in Dienst. Angetrieben waren jetzt nur noch die jeweils vier Radsätze der Triebköpfe, aber mit acht selbstkommutierenden Drehstrom-Synchronmotoren mit einer Leistung von je 1.100 kW. Auf Grund der 8.800 kW und geringeren Maximalsteigungen der Atlantique-Strecken konnten die Höchstgeschwindigkeit auf 300 km/h angehoben und zwei zusätzliche Wagen eingefügt werden.

TGV
574,8 km/h
3. April 2007
SNCF
4402
574,8 km/h (357,18 mph) - WORLD'S FASTEST RAILWAY SPEED - 3 APRIL 2007
TGV

Die POS-Weltrekordgarnitur 4402 war vor einigen Jahren noch des Öfteren in Deutschland zu sehen, so als TGV nach Stuttgart am 9. April 2011 bei Ettlingen.

Im Nachhinein stellte sich letzteres als Fehler heraus, da zwei zusammengekuppelte Einheiten deutlich mehr als 400 m lang waren. Dies verursachte in einigen Bahnhöfen Probleme mit den Bahnsteiglängen. Insgesamt wurden zwischen 1988 und 1992 exakt 105 Züge und ein Reservetriebkopf geliefert. Erstmals kam nun die neue TGV-Lackierung in Blau/Silber zur Anwendung.

Dummerweise hatte in Deutschland der Versuchs-ICE am 1. Mai 1988 die magische Grenze von 400 km/h durchbrochen und mit 406,9 km/h den Geschwindigkeitsweltrekord nach Deutschland zurückgeholt. Das konnten sich die Franzosen natürlich nicht gefallen lassen und konterten wenig später. Ab Herbst 1989 wurde ein TGV Atlantique als Projekt »TGV 117« (117 m/s = 421 km/h) für eine Rekordfahrt umgebaut wurde. Die auf drei Mittelwagen verkürzte Einheit 325 mit geänderter Getriebeübersetzung, größeren Rädern, auf je 400 kW gesteigerter Leistung der Drehstrom-Synchronmotoren (Dauerleistung nun 12.000 kW), verstärkter Federung und verbesserten Bremsen setzte schließlich am 18. Mai 1990 mit 515,3 km/h eine neue Marke. Natürlich mussten auch auf der Teststrecke, dem südlichen Teilstück der LGV Atlantique, größere Modifikationen vorgenommen werden: Nachstopfen und Nivellieren des Gleises und Erhöhung der Fahrdrahtspannung von 20 auf 28 kN sowie der elektrischen Spannung von 25 auf 28 kV.

Dritter und bisher absoluter Rekord – der TGV POS

Für den Hochgeschwindigkeitsverkehr zwischen Paris, Ostfrankreich (Straßburg) und Süddeutschland beschaffte die SNCF den »Train à Grande Vitesse Paris – Ostfrankreich – Südwestdeutschland« (TGV POS). Basis des TGV POS war zunächst einmal der Neubau der Hochgeschwindigkeitsstrecke Strasbourg – Paris sowie die entsprechende Ausrüstung der Fahrzeuge für Strom- und Signalsysteme in Deutschland und der Schweiz. Der TGV POS war kei-

Nach seiner Rekordfahrt wird der TGV gebührend zur Schau gestellt.

Bei der Weltrekordfahrt am 3. April 2007 säumen viele Zuschauer und Fotografen die Strecke, während der TGV dahin rast.

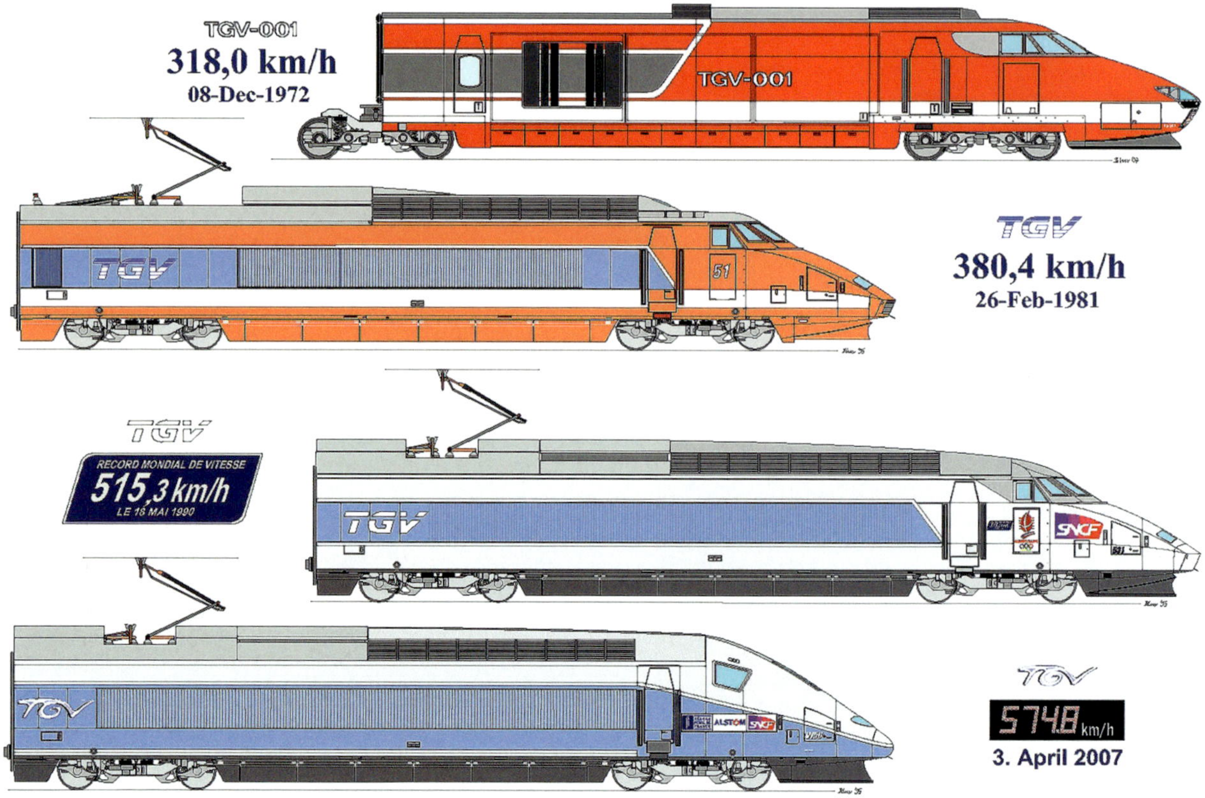

ne wirklich vollständig neu entwickelte Fahrzeuggeneration. Vielmehr handelte es sich um einen Mix aus neuen Triebköpfen und Mittelwagen des TGV Réseau.

Die neuen Triebköpfe entsprachen mechanisch weitgehend jenen der TGV Thalys PBKA (Paris – Brüssel – Köln / Amsterdam). Die elektrische Ausrüstung für drei Stromsysteme (1,5 kV=, 25 kV/50 Hz und 15 kV/16 2/3 Hz) wurde erstmals in Asynchrontechnik mit IGBT-gesteuerten Drehstrom-Asynchronmotoren ausgeführt. Die Mittelwagen stammten vom TGV Réseau. Allerdings wurden sie in der Werkstätte Bischheim umfangreich modernisiert, technisch auf den neuesten Stand gebracht und unterscheiden sich daher auffällig von den anderen TGV-Generationen. Beschafft wurden 19 Einheiten, wobei der TGV 4402 eine Besonderheit bildete. Seine Triebköpfe wurden für einen Weltrekordversuch herangezogen, denn 17 Jahre später wollten es die Franzosen wieder wissen: Am 26. März 2007 stellten SNCF und Alstom den zukünftigen Rekordzug mit der Bezeichnung »V 150« (= 150 m/s = 540 km/h) der Öffentlichkeit vor. Er setzte sich aus den beiden TGV POS-Triebköpfen und drei modifizierten Doppelstock-Mittelwagen neuester Bauart zusammen. Entsprechende Anpassungen waren diesmal zusätzliche Antriebsdrehgestelle unter den Mittelwagen zur Erhöhung der Leistung auf 19.600 kW sowie wieder geänderte Getriebeübersetzungen und Raddurchmesser. Die Versuchsstrecke auf der LGV Est erhielt einen verfestigten Oberbau in den Kurven sowie eine Erhöhung der Fahrdrahtspannung von 25 kV auf 31 kV. Schließlich stellte der »V 150« am Mittag des 3. April 2007 auf der LGV Est einen neuen, unglaublichen Geschwindigkeitsweltrekord für Schienenfahrzeuge auf. In 13 Minuten beschleunigte die Einheit auf die absolute Spitzenmarke von 574,8 km/h. Die Rekordfahrt wurde von mehrere Fernsehsendern live übertragen. Ein Flugzeug begleitete das silber-schwarze Geschoss und hunderte Menschen jubelten dem Zug zu, als er knapp 200 Kilometer östlich von Paris mit seiner Höchstgeschwindigkeit mehrere Brücken passierte. Insgesamt ließen sich Alstom und SNCF die Rekordfahrt 30 Millionen Euro kosten. Ihre auffällige Weltrekord-Beklebung durften die beiden Triebköpfe zunächst behalten und wiesen so weiterhin im Planbetrieb augenfällig auf die erzielte Rekordgeschwindigkeit hin.

Der Non-Stopp-Rekord mit dem WTGV Réseau

Einen ganz anderen, aber durchaus besonderen Rekord stellte am 26. Mai 2001 der TGV Réseau 531 auf. Er benötigte für seine Non-Stopp-Fahrt von Calais Frethun nach Marseille auf der 1.067,4 km langen Strecke nur wenige Sekunden weniger als drei Stunden und zwölf Minuten. Das entspricht einer Durchschnittsgeschwindigkeit von knapp 305 km/h.

ICE und Siemens Velaro E – keine Rekorde für die Ewigkeit

Fast zeitgleich entstanden sowohl in Deutschland als auch in Spanien Neubaustrecken für den Hochgeschwindigkeitsverkehr. Während Deutschland mit der Entwicklung des ICE in den 1980er Jahren Pionierarbeit leistete, bedienten sich die Spanier anfangs aus dem Pool vorhandener Hochgeschwindigkeitszüge. Infrastruktur und Fahrzeuge wurden dann in beiden Ländern für Rekordfahrten benutzt, doch ihr Bestand war nur von kurzer Dauer.

Im Bahnhof Zaragoza Delicias legt der AVE S-103 23 (Velaro E) von Barcelona nach Madrid am 20. Juni 2008 einen Zwischenstopp ein.

Bei vielen Veranstaltungen durfte der ICE-V nicht fehlen, so auch hier im Bahnhof Reutlingen im Sommer 1989.

Das Zuglaufschild der ICE-V-Weltrekordfahrt vom 1. Mai 1988 hat heute einen Ehrenplatz im Nürnberger DB-Museum gefunden.

Der ICE-V

In Deutschland begann das Hochgeschwindigkeitszeitalter mit der Inbetriebnahme der beiden ersten Hochgeschwindigkeits-Neubaustrecken (NBS) Hannover – Würzburg (327 km) und Mannheim – Stuttgart (99 km) zum Sommerfahrplan 1991. Hierfür mussten natürlich auch neue, schnelle Züge gebaut werden, an deren Anfang der Erprobungsträger Intercity Experimental (ICE, später ICE-V) stand. Die Entwicklungsarbeiten für diesen Triebzug nahmen Mitte 1983 unter der Projektleitung des BZA München ihren Anfang. Gefordert war eine planmäßige Höchstgeschwindigkeit von 250 km/h. Bei Demonstrationsfahrten sollten jedoch 300 km/h erreicht werden und bei Versuchen sogar bis zu 350 km/h. Im März 1985 konnte der erste Triebkopf an die DB übergeben werden, im August war der ganze Zug komplett. Er bestand aus zwei allradsatzangetriebenen Triebköpfen (410 001 und 002) und drei Mittelwagen. Zwei Mittelwagen (810 001 und 002) fungierten als Demonstrationswagen für die zukünftigen Ausgestaltungsmöglichkeiten, der 810 003 diente als Messwagen. Bei der Gestaltung des Zuges wurde der Aerodynamik besondere Aufmerksamkeit geschenkt, um einen wirtschaftlichen Energieverbrauch zu erreichen und Druckstöße bei Zugbegegnungen und Tunneleinfahrten erträglich zu gestalten. Der Fahrzeugkasten der Triebköpfe wurde in geschweißter Leichtbauweise hergestellt. Bei nichttragenden Bauteilen kamen Aluminium und glasfaserverstärkte Verbundwerkstoffe zur Anwendung. Den Antrieb aller Radsätze des Triebkopfes besorgten die bewährten kollektorlosen Drehstrom-Asynchronmotoren. Von den Elloks der Baureihe 120 wurde die Leistungsübertragung weitgehend übernommen.

Nach seiner Übergabe an die DB am 31. Juli 1985 absolvierte der Prototyp ein umfangreiches Versuchs-, Erprobungs- und Demonstrationsprogramm. Die Inbetriebnahme musste im Übrigen ziemlich schnell erfolgen, denn schon ein Jahr zuvor war der 26. November 1985 als Datum für eine Rekordfahrt festgelegt und auch in Medien und Öffentlichkeit entsprechend verbreitet worden. Schließlich befand man sich im Jubiläumsjahr mit »150 Jahre Eisenbahn in Deutschland«. Im Rahmen der Hochtastfahrten zur Rekordfahrt gelang es am 14. November 1985 dem ICE erstmals, die 300 km/h-Marke zwischen Oelde und Neubeckum zu übertreffen. Das große Ereignis fand dann tatsächlich am Vormittag des 26. November 1985 statt. Der Geschwindigkeitsmesser des Versuchs-ICE zeigte am Ende 317 km/h an. Er blieb damit knapp unter der schon am 19. November erreichten Geschwindigkeit von 324 km/h, doch für Schienenfahrzeuge mit Drehstromantrieb bildete dies absoluten Weltrekord. Weitere Versuchsfahrten im höheren Geschwindigkeitsbereich zwischen Gütersloh und Neubeckum folgten, welche der ICE am 17. November 1986 mit 345 km/h und damit einer weiteren Rekordfahrt abschloss.

Seinen absoluten Karriere-Höhepunkt erreichte der Zug mit seiner Weltrekordfahrt, hatte doch seit 1955 die französische SNCF das »Blaue Band der Schiene« – den Geschwindigkeitsweltrekord für

Am 25. September 1985 unternahm der ICE-V auf der Güterstrecke Karlsfeld (bei München) – Olching seine erste Ausfahrt als vollständiger Zug, einen Tag vor der offiziellen Präsentation.

Die Velaro E-Einheit 14 (9-103-214-3) steht zu neuen Taten bereit.

Schienenfahrzeuge – immer an ihre Fahnen geheftet. So galt es nun den zuletzt 1981 aufgestellten Rekord eines TGV-PSE mit 380 km/h zu schlagen. Ein denkwürdiger Tag war dann der 1. Mai 1988. Die beiden Triebköpfe mit zwei Mittelwagen stellten mit 406,9 km/h einen neuen Weltrekord für Schienenfahrzeuge auf, welcher auf der Neubaustrecke Würzburg – Fulda im Bereich der Ausfahrt des Einmalbergtunnels bei Km 287,956 genau um 11:12 Uhr dokumentiert wurde. Das Ganze war aber mit nicht unerheblichen Kosten verbunden. Zwar mussten am Triebzug nur geringe Anpassungen durchgeführt werden, doch die normale Fahrleitung wich einem genau überprüften, absolut fehlerfreien Fahrdraht. Leider konnten sich Bundesbahn und Herstellerfirmen nur kurze Zeit über den Weltrekord freuen, denn schon gut 24 Monate später konterten die Franzosen mit 515,3 km/h (siehe Seite 105).

Mit der Aufnahme des planmäßigen ICE-Verkehrs mit den neuen ICE 1-Triebzügen wurde der Prototyp zunächst weiter als Erprobungsträger verwendet. Nach Indienststellung eines zweiten Versuchszugs im Jahr 1996 kam der Ur-ICE nur noch sporadisch zum Einsatz, wurde schließlich mit Fristablauf am 5. Mai 1998 abgestellt und wird seit Sommer 2000 museal erhalten.

Der Velaro E

Die Geschichte des spanischen Hochgeschwindigkeitsverkehrs begann am 11. Oktober 1986 mit dem Beschluss der Regierung, vermehrt in die Schiene zu investieren. Zum Bau einer ersten Hochgeschwindigkeitsstrecke wählte sie die Verbindung Madrid – Sevilla aus. Am 9. Dezember 1988 fiel die Entscheidung, die neuen Hochgeschwindigkeitsstrecken in Normalspur (1.435 mm) statt in spanischer Breitspur (1.668 mm) auszuführen und der Vertrag zum Bau der 471 km langen LAV (= Linea de alta velocidad) Madrid – Sevilla wurde schließlich am 16. März 1989 unterzeichnet. Nur gut drei Jahre später konnte die spanische Staatsbahn RENFE rechtzeitig zum Expo-Start in Sevilla die Neubaustrecke am 19. April 1992 in Betrieb nehmen.

Mitte der 1990er Jahre richtete sich der Fokus nun auf die Verbindung von Madrid nach Barcelona mit dem Ziel, die Reisezeit von sechseinhalb Stunden auf ungefähr zweieinhalb Stunden zu reduzieren. War bei den Fahrzeugen für die erste Neubaustrecke Alstom mit TGV zum Zuge gekommen, fanden die Spanier für ihre zweite große Neubaustrecke nach Barcelona mit Siemens einen adäquaten Partner. Schließlich unterzeichneten Siemens und die spanischen Staatsbahn RENFE im Juli 2001 einen Vertrag zur Lieferung von 16 Hochgeschwindigkeitszügen der Bauart »Velaro E« (Baureihe S-103). Der Gesamtwert des Auftrags lag

Ein AVE der Baureihe 103 (Velaro E) überquert am 16. Juli 2013 die Brücke bei Macanet-Massanes an der neuen Hochgeschwindigkeitsstrecke Barcelona – Figueres.

bei 705 Mio. Euro, wobei auf die Züge 401 Mio. € und auf deren Instandhaltung für die Dauer von 14 Jahren 304 Mio. € entfielen. Im März 2004 beauftrage die RENFE Siemens mit der Lieferung von zehn weiteren Garnituren.

Die »Velaro«-Plattform entstand als Antwort auf die Anforderungen des weltweiten HG-Verkehrsmarkts und stellt eine Weiterentwicklung des deutschen ICE 3 dar. Um im Weltmarkt zu bestehen, müssen neue Fahrzeuge die Technischen Spezifikationen für die Interoperabilität des Hochgeschwindigkeitsverkehrs (TSI) erfüllen sowie mehrsystemfähig und mit dem europäischen Zugsicherungssystem ETCS ausgerüstet sein. Wie beim ICE 3 sind die Antriebskomponenten und Technikmodule des S-103 unterflur angeordnet, was bei gleicher Zuglänge etwa 20 % mehr Raum für die Fahrgäste bietet. Der direkte Antrieb über Drehstrom-Asynchronmotoren auf die Hälfte aller Radsätze bietet ein sicheres Beschleunigen aufgrund der besseren Haftwertausnutzung. Darüber hinaus ermöglicht dieses Antriebskonzept das Befahren von Streckenabschnitten mit einer Steigung bis zu 40 ‰. Durch die bessere Gewichtsverteilung über den gesamten Triebzug lastet auf dem einzelnen Radsatz weniger Gewicht, wodurch die internationale Vorgabe von maximal 17 t pro Radsatz eingehalten wird. Im Vergleich zum ICE 3 konnte beim »Velaro E« die betriebliche Höchstgeschwindigkeit auf 350 km/h sowie die

Antriebsleistung um 10 % auf 8.800 kW gesteigert werden. Anstelle der Wirbelstrombremse ist nun eine elektrische Widerstandsbremse vorhanden und eine leistungsstarke Klimaanlage für Außentemperaturen bis zu 50 °C sorgt für einen angenehmen Aufenthalt im Fahrzeuginnern. Standardmäßig ist der S-103 mit dem Zugsicherungssystem ETCS Level 2 ausgerüstet, das auch die Voraussetzung für einen grenzüberschreitenden Einsatz des Zuges bildet. Für Fahrten auf der 1992 eröffneten ersten spanischen HG-Strecke Madrid – Sevilla ist zudem die Linienzugbeeinflussung (LZB) vorhanden.

Mit dem Velaro E brachte Siemens erstmals einen deutschen Hochgeschwindigkeitszug im Ausland auf die Schiene. Dass der Velaro E die projektierte Geschwindigkeit nicht nur erreichen, sondern deutlich übertreffen kann, bewies der »Testfahrer« Alberto Gonzales Fontaneda am 16. Juli 2006. Bei einer nächtlichen Probefahrt auf der Strecke zwischen Barcelona und Madrid, auf einem leicht abschüssigen Stück zwischen Guadalajara und Calatayud, schraubte der Triebfahrzeugführer den Geschwindigkeitsrekord für Serienzüge auf die Rekordmarke von 403,7 km/h. Nach Angaben von Siemens hätte man aber auch noch deutlich mehr herausholen können. Doch nur rund dreieinhalb Jahre hatte dieser Rekord Bestand, denn die Chinesen übertrafen ihn dann mit 486,1 km/h deutlich.

Ab dem 22. Juni 2007 fuhren die ersten Züge im Regelbetrieb auf den Strecken Madrid – Tarragona und Madrid – Sevilla. Mit Fertigstellung des Teilstücks Tarragona – Barcelona verkehren die Velaro E seit 20. Februar 2008 im Fahrgastbetrieb zwischen Madrid und Barcelona und legen die 621 km lange Strecke in zwei Stunden und 38 Minuten zurück.

Die Velaro E-Einheit 17 (9-103-217-6) rast am 30. September 2012 als AVE 394 (Barcelona – Sevilla) mit rund 300 km/h über die Schnellfahrstrecke Barcelona – Madrid bei Vinaixa.

Neue Rekorde mit deutschen Drehstromloks

Den Vorteilen der Drehstrommotoren standen lange unlösbare Schwierigkeiten entgegen. Erst mit Hilfe der elektronischen Schalt- und Regeltechnik konnte der Drehstrommotor flexibel und damit für den praktischen Betrieb nutzbar gemacht werden.

Vor einem IC nach München konnte die 120 003 im Mai 1983 kurz vor Treuchtlingen erlegt werden.

Mit einem Schnellzug am Haken verlässt die 120 002 im August 1982 den Münchner Hauptbahnhof.

Außerplanmäßig bespannte die 120 005 (die mit dem Knick im Lokkasten) im September 1983 einen IC nach Stuttgart, hier bei Einfahrt in den Hbf mit dem markanten Stellwerk als Kulisse.

Die 120 001

Mit den 1979/80 gelieferten fünf Vorserienlokomotiven der DB-Baureihe 120.0 kam weltweit zum ersten Mal bei elektrischen Vollbahnlokomotiven der Drehstrom-Asynchronmotor zur Anwendung, der stufenlos geregelt werden kann. Vorläufer und Erprobungsträger für die Baureihe 120 waren die Dieselloks der Baureihe 202.

Äußerlich imponierten die 120er durch ihre Länge von 19.200 mm, mit der sie fast an die Baureihen 103, 150 und 151 herankamen. Im Unterschied dazu besaßen sie aber nur zweiachsige, völlig neu konstruierte Drehgestelle. Zur Leistungsübertragung diente ein BBC-Hohlwellen-Kardangelenkantrieb. Hauptrahmen und Leichtbau-Lokomotivkasten bildeten eine selbsttragende Konstruktion. Nach umfangreichen Versuchsfahrten konnten alle Maschinen für 200 km/h zugelassen werden.

Schließlich gelang der 120 002 am 13. August 1980 mit 231 km/h zwischen Celle und Uelzen an der Strecke Hannover – Hamburg ein neuer Weltrekord für Drehstromfahrzeuge. Nach ausgiebigsten Erprobungen und vielen Verbesserungen erfolgte endlich am 17. und 18. Oktober 1984 die offizielle Vorstellung der neuen Baureihe. In Anwesenheit zahlreicher Ehrengäste, darunter Verkehrsminister Dollinger, führte die 120 001 mit einem 250 t schweren Sonderzug zwischen Augsburg und Donauwörth eine Schnellfahrt durch. Hierfür wurden an der Lok selbst nur wenige Modifikationen vorgenommen wie eine geänderte Getriebeübersetzung (Großrad / Ritzel = 4,12), die Verwendung einer weicheren Gummisorte für die Lemniskaten zwischen Drehgestell und Radsatz sowie die Erhöhung der Dämpferkraft der Schlingerdämpfer zwischen Lokkasten und den Drehgestellen. Um der nicht geänderten Bremsleistung sowie möglicher Druckwellen bei Zugbegegnungen Rechnung zu tragen, ging der Sonderzug als Sperrfahrt auf die Strecke. Schon nach kurzer Beschleunigung zeigten die Messinstrumente 265 km/h – das hieß neuer Weltrekord für Drehstromfahrzeuge. Dabei brillierten sowohl die 120 001 als auch die vier mitgeführten IC-Wagen (zum Teil mit 16 Betriebsjahren) durch einen erstaunlich ruhigen Lauf. Dies legte insbesondere bei der Lok die Vermutung nahe, dass auch bei einer Geschwindigkeit von 300 km/h die zulässigen Querkräfte für die Gleissicherheit nicht überschritten worden wären.

Alle 120.0 sind inzwischen ausgemustert, als letzte die 120 004 im Oktober 2011. Während die 120 001 und 002 zerlegt wurden, bereichern heute die 120 003 den Bahnpark Augsburg, die 120 004 das DB-Museum in Koblenz-Lützel und die 120 005 als Leihgabe das Eisenbahnmuseum Weimar.

Nach erfolgreichem Weltrekord erfolgte bei der 1216 050 unverzüglich die restliche Beklebung mit der erreichten Geschwindigkeit von 357 km/h.

Der »Taurus«

Abgeleitet von der DB-Baureihe 152 bestellten die Österreichischen Bundesbahnen (ÖBB) ab 1997 bei Siemens insgesamt 382 Exemplare der Baureihen 1016/1116/1216. Dabei rollten 50 Exemplare als Einsystemvariante 1016, 282 als Zweisystem-Variante 1116 (16,7 Hz/15 kV und 50 Hz/25 kV) und weitere 50 als Dreisystemlok 1216 für den zusätzlichen Einsatz unter 3 kV Gleichstrom vom Band. Ihr unverwechselbares, dynamisches und erfrischendes Erscheinungsbild verhalf den Maschinen schnell zu ihrem Namen »Taurus« (Stier). Die elektrischen Hauptbauteile, die Einzelradsatzregelung mit vier Pulswechselrichtern, die drei parallel geschalteten Vierquadrantensteller für die beiden Gleichstromzwischenkreise sowie Steuerung und Bedienung entsprechen weitgehend der Baureihe 152. Wesentliche Unterschiede sind in der Frontgestaltung sowie in der Bauart der Drehgestelle zu finden. Die markante gerundete Kopfform mit der glasfaserverstärkten Haube aus Kunststoff vermittelt ein aerodynamisches Bild. Das neue Drehgestell ist hochgeschwindigkeitstauglich und wurde erstmals im spanischen Eurosprinter angewendet. Sein Kernstück ist der sogenannte Hochleistungsantrieb mit getrennter Bremswelle (HAB), der im Prinzip einem Hohlwellenantrieb

Die Drehstrom-Weltrekordlok 120 001 beehrte die »Weltstadt« Stuttgart im August 1983 an der Spitze eines IC.

mit Gummi-Kardangelenken entspricht. Auf Grund des geänderten Antriebs erhielten die »Stiere« kleinere Räder mit nur 1.150 mm Durchmesser anstatt 1.250 mm wie bei der Baureihe 152.

Ein lang vorbereitetes Ereignis fand dann am 2. September 2006 statt, denn Siemens wollte einen Versuch unternehmen, den Geschwindigkeitsrekord für Lokomotiven zu brechen. Ausgewählt wurde hierfür die 1216 050. Sie war zwar für die ÖBB bestimmt, wurde aber bei der Fertigung vorgezogen und sollte erst als letzte 1216 an die ÖBB übergeben werden. Bis dahin stand die Lok im Eigentum von Siemens und wurde für Probefahrten genutzt. Für den Rekordversuch ausgewählt wurde der Abschnitt zwischen Kinding (Altmühltal) und Allersberg (Rothsee) auf der Neubaustrecke Nürnberg – Ingolstadt. Weder bei der Lok noch an der Strecke wurden im Gegensatz zu bisherigen Rekordfahrten Umbauten vorgenommen. Die 1216 050 entstammte der Serienproduktion für die ÖBB und es wurden nur einige Anbauteile entfernt und die notwendige Messtechnik eingebaut. Die Strecke selbst blieb komplett unverändert.

Vor der Rekordfahrt erfolgte zunächst in Kinding die Taufe der Lok auf den Namen »Kinding«. Danach ging es mit angehäng-

Der Rekord-»Taurus« 1216 050 konnte bei seiner ersten Schnellfahrt am 2. September 2006 bei Hilpoltstein abgelichtet werden.

tem Messwagen gemütlich nach Ingolstadt, wo um 14:50 Uhr die Fahrt in Richtung Nürnberg begann. Bis dahin mussten alle Planzüge den Streckenabschnitt räumen und um die Unfallgefahr so gering als möglich zu halten, durften auch in Gegenrichtung keine Züge unterwegs sein. Dann waren alle Signale für den Rekordzug auf »Grün« durchgeschaltet. Richtig aufgedreht werden konnte nur auf dem Streckenabschnitt ohne Tunnel zwischen den Kilometern 40,5 und 33,7, ansonsten durfte wegen der Tunnel nur maximal mit 300 km/h gefahren werden. Schon bei ihrer ersten Schnellfahrt überbot die 1216 050 den Rekord der französischen BB 9004 um 13 km/h, als sie mit einer Spitzengeschwindigkeit von 343,9 km/h über den Versuchsabschnitt raste. Das war den Beteiligten aber nicht genug und so ging es für eine zweite Fahrt noch einmal zurück nach Ingolstadt. Hunderte Zuschauer entlang der gesamten Strecke verfolgten auch den zweiten Versuch und diesmal gelang das Unglaubliche – eine Geschwindigkeit von 357,0 km/h stand am Schluss zu Buche. Hierfür nahm die Lok rund 30 Kilometer »Anlauf« und hielt die Spitzengeschwindigkeit etwa vier Minuten lang. Die 357 km/h bedeuteten damit den absoluten Geschwindigkeitsweltrekord für Lokomotiven, der nach 51 Jahren endlich übertroffen werden konnte. Jetzt konnte auch die Beklebung der grauen Lok vervollständigt werden. Zunächst hatte sie nur die Aufschrift »Vmax 3..« getragen, die nun zu stolzen »Vmax 357« ergänzt werden konnte. Anschließend gesellte sie sich zu einer kleinen Fahrzeugschau im NBS-Bahnhof Kinding, bei der zwei namhafte Lokomotiven vertreten waren. Eigens für die Rekordfahrt der 1216 hatte man die SNCF-Loks BB 9004 und CC 7107 aus dem französischen Eisenbahnmuseum Mulhouse (Mühlhausen) nach Kinding überführt, die 1955 mit 331 km/h (BB 9004) und 326 km/h (CC 7107) Geschichte geschrieben hatten. Bis zur Übergabe an die ÖBB im Mai 2008 stand die Weltrekordlok noch bei Siemens für Versuche zur Verfügung. Dann erhielt sie ihre endgültige Betriebsnummer 1216 025 und der Weltrekord-Anstrich wich einer mattschwarzen Lackierung, wobei die schnittige Kontur der Lok mit der Farbe Silber betont wurde. Auf den Seitenflächen prangte nun deutlich der Hinweis »world record 357 km/h«. In diesem Outfit kann die Lok noch heute bewundert werden.

Stolz präsentiert sich die 1216 050 nach ihrer Rekordfahrt und vollendeter Beklebung dem staunenden Publikum auf der kleinen, aber feinen Fahrzeugschau im NBS-Bahnhof Kinding.

China holt auf – die CRH380 als schnellste Serientriebzüge der Welt

Im Jahr 2000 gab die chinesische Regierung mit dem neuen Fünf-Jahres-Plan den Startschuss zum Eintritt ins Hochgeschwindigkeitszeitalter. Der Plan sah den Bau einer rund 1.300 km langen Hochgeschwindigkeitsstrecke von Peking nach Shanghai vor, wobei mit Kosten von knapp 13 Mrd. Euro kalkuliert wurde.

Man könnte fast meinen, man wäre irgendwo in Europa, doch wir befinden uns in China, wo am 15. Juni 2013 ein »ICE 3-ähnlicher« CRH380B-6456L gerade in die »Shanghai Railway Station« einfährt.

Ferner sollten verschiedene bestehende Strecken elektrifiziert und zumindest abschnittsweise für eine Höchstgeschwindigkeit von 200 km/h ausgebaut werden. Das Neubaustreckenprojekt Peking – Shanghai wurde dann zunächst auf Eis gelegt, da u.a. zeitweise auch die deutsche Magnetschwebebahn Transrapid als Alternative ins Gespräch gebracht wurde. Doch 2004 erteilte die chinesische Regierung die Freigabe zum Bau von über 3.200 km neuer Hochgeschwindigkeitsstrecken. Fast im Wochenrhythmus folgten dann im Sommer 2005 die Feierlichkeiten zum Baubeginn der projektierten neuen Strecken. Den Anfang machten im Juni die 989 km lange Nord-Süd-Verbindung Wuchang – Changsha – Guangzhou und die 189 km lange Strecke von Shijiazhuang nach Taiyuan. Wenige Tage später folgte am 4. Juli der Startschuss für die Neubaustrecke Peking – Tianjin mit einem Investitionsvolumen von rund 1,4 Mrd. Euro. Ende September bzw. Anfang Oktober begannen die Arbeiten an den Strecken Zhengzhou – Xi´an und Xiamen – Fuzhou. Ferner erfolgten 2005 die ersten Spatenstiche für die Strecken Nanjing – Hefei und Hefei – Wuchang.

Im August 2008 wurde mit der 115 km langen Schnellfahrstrecke Peking – Tianjin die erste »richtige« Hochgeschwindigkeitsstrecke in der Volksrepublik China eröffnet. In Spitzenzeiten verkehrten hier nun die 300 km/h schnellen Züge alle drei Minuten. Bald darauf folgten die HG-Strecke Zhengzhou – Xi´an mit einer Gesamtlänge von 460 km sowie Ende 2009 der 960 km lange Abschnitt Wuhan – Guangzhou der HG-Strecke Peking – Hongkong. Anfang Juli 2010 waren schon insgesamt elf Schnellfahrstrecken mit einer Gesamtlänge von 6.920 km in Betrieb, wobei 1.995 km sogar für eine Höchstgeschwindigkeit von 350 km/h ausgelegt waren. Heute besitzt China mit der 2.298 km langen HG-Strecke Peking – Guangzhou auch die längste HG-Strecke der Welt. Dazu kommt noch das größte Hochgeschwindigkeits-Streckennetz der Welt überhaupt, welches mit Stand September 2016 über 20.000 km umfasste. Das ist deutlich mehr als alle übrigen HG-Strecken der Welt in der Summe aufweisen können. Doch in China ist noch längst nicht Schluss, denn bis 2025 soll das Hochgeschwindigkeitsnetz auf rund 38.000 km anwachsen. Der Hochgeschwindigkeitsverkehr ist heute in China überaus populär, was die über 1,1 Milliarden Fahrgäste im Jahr 2015 deutlich beweisen.

Die CRH380A/AL

Da sich die chinesischen Eigenentwicklungen nicht bewährten hatten, griff China zunächst auf das bewährte Mittel des Technologie-Transfers zurück. Nachdem von den großen europäischen Lokherstellern Alstom, Bombardier und Siemens diverse Hochgeschwindigkeitszüge einschließlich der zugrundeliegenden Technologien eingekauft worden waren, hatte man endlich genügend Knowhow, um eine funktionierende »Eigenentwicklung« auf die Schienen zu stellen. Heraus kam der CRH380A/AL, eine Kombination aus Regina, Velaro, Zefiro und vor allem viel Shinkansen. Im September 2009 bestellte das chinesische Eisenbahnministerium schließlich 100 sechzehnteilige (CRH380AL) und 40 achtteilige (CRH380A) Garnituren bei CSR Sifang. Natürlich musste für die »Nase« des CRH380A/AL ein neues Design her. Ähn-

Einen bunten Mix aller eingekauften Triebwagen stellt der der CRH380A-6056L dar, der gerade Shanghai Hauptbahnhof verlässt.

lichkeiten mit den neuesten Shinkansen sind rein zufällig. Die Wagenkästen bestehen aus einer leichten Aluminiumlegierung und eine Vielzahl von neuen Materialien sorgt für eine ausreichende Schwingungsdämpfung. Das Fahrwerk nutzt weiterentwickelte Shinkansen-Drehgestelle und soll strukturelle Vibrationen bei hohen Geschwindigkeiten reduzieren sowie den Fahrkomfort verbessern. Die druckdichten Wagenkästen können durch den Einbau neuer schalldämpfender und isolierender Materialien den Lärmpegel bei Höchstgeschwindigkeit auf ein erträgliches Maß reduzieren. Für den Antrieb stehen sogenannte Hochleistungsmotoren (Drehstrom-Asynchron-Motoren mit 365 kW) zur Verfügung. Zum Vergleich: Die neueste DB-Generation der Velaro (BR 407) besitzt Motoren mit einer Leistung von je 500 kW. Immerhin kann durch die regenerativen Bremsen entsprechend Energie ins Stromnetz zurückgespeist werden.

Ein achteiliger Prototyp verließ im April 2010 die Werkshallen, unternahm ab dem 26. April 2010 seine ersten Tests auf dem Pekinger Versuchsring und absolvierte schließlich ab dem 7. Juni 2010 ausgiebige Probefahrten auf der HG-Strecke Zhengzhou – Xi´an. Die erste serienmäßige CRH380A-Einheit wurde im August 2010 ausgeliefert. Sie erreichte bei Probefahrten auf der HG-Strecke Shanghai – Hangzhou am 28. September 2010 die respektable Höchstgeschwindigkeit von 416,6 km/h. Ab dem 30. September 2010 lief sie zeitweise im Planbetrieb auf der HG-Strecke Shanghai – Nanjing. Weitere CRH380A-Garnituren nahmen ab dem 26. Oktober 2010 den Dienst auf dieser Strecke auf wie auch zwischen Schanghai und Hangzhou auf. Die Reisezeit zwischen Shanghai und Hangzhou reduzierte sich nun von 1 Std. 18 Min. auf 45 Min. und zwischen Nanjing und Hangzhou von 3 Std. 19 Min. auf 2 Std. 48 Min. Mit der HG-Strecke Wuhan – Guangzhou eroberte der CRH380A ab dem 3. Dezember 2010 ein weiteres Einsatzgebiet.

Der erste Sechzehnteiler CRH380A-6041L feierte seinen Roll-out im Oktober 2010. Ab dem 8. November 2010 folgten Tests auf Pekinger Versuchsring und ab dem 20. November 2010 Hochgeschwindigkeitsfahrten zwischen Peking und Shanghai. Dort stellte er am 3. Dezember 2010 einen kurzlebigen Geschwindigkeitsweltrekord für Serientriebzüge mit 486,1 km/h auf.

Als G7256/G7257 nach Hefei tritt der CRH380A-6064L aus der Shanghai Railway Station heraus am 15. Juni 2013 seine Fahrt an.

Die CRH3C und die CRH380B/BL

Nach längeren Verhandlungen kam die bei der »großen« Ausschreibung 2004 leer ausgegangene deutsche Lokschmiede Siemens am 10. November 2005 ebenfalls zum Zug. Sie durfte 60 auf dem ICE 3 basierende Hochgeschwindigkeitszüge (»Velaro CN«) liefern. Die achtteiligen, 300 km/h schnellen Flitzer mit der Bezeichnung CRH3C sollten ab 2008 rechtzeitig vor Beginn der Olympischen Spiele zwischen Peking und Tianjin zum Einsatz kommen. Entsprechend dem chinesischen Lichtraumprofil konnten die Fahrzeuge 30 Zentimeter breiter gebaut werden als das deutsche oder spanische Vorbild. Dies ermöglicht in der 2. Klasse eine 2+3- und in der 1. Klasse eine 2+2-Bestuhlung. Somit finden über 600 Fahrgäste einen Sitzplatz. Die ersten drei Einheiten wurden komplett in Uerdingen gebaut. Die restlichen Fahrzeuge wurden beim chinesischen Partner Tangshan Locomotive & Rolling Stock Works montiert, wobei der Anteil der europäischen Zulieferungen stetig abnahm und der Technologietransfer entsprechend zunahm. Da die Zeit wegen Olympiade und EXPO 2010 etwas drängte, musste der Auftrag recht zügig abgewickelt werden. Auf dem Produktionshöhepunkt sollten in Tangshan vier Züge im Monat vom Band laufen und die letzte Einheit sollte im Dezember 2009 die Werkshallen verlassen.

Während einer Testfahrt erreichte der CRH3-001C am 24. Juni 2008 eine Höchstgeschwindigkeit von 394,3 km/h zwischen Peking und Tianjin. Einen neuen Weltrekord für eine Doppeleinheit konnten am 9. Dezember 2009 die CRH3-013C und 017C mit 394,2 km/h auf der HG-Strecke von Zhengzhou nach Xi´an für sich verbuchen. Schon im 28. September 2009 bestellte das Eisenbahnministerium weitere 20 CRH3C.

Im März 2009 schloss das Ministerium mit CNR einen weiteren Vertrag über die Lieferung von 100 sechzehnteiligen Triebzügen auf Velaro-Basis (CRH380BL), welche ab Oktober 2010 zur Auslieferung kommen sollten. Dieser Auftrag mit insgesamt 1.600 Einzelwagen war größer als die bis dato angefallene Gesamtproduktion aller Velaro-und ICE-Züge. Diese Züge wurden von den CNR-Tochtergesellschaften Tangshan Railway Vehicles und Changchun Railway Vehicles gebaut unter Zuhilfenahme des Siemens-Technologietransfers und sind für 380 km/h ausgelegt. Immerhin durfte bei diesem Auftrag Siemens noch Komponenten mit einem Volumen von insgesamt 18 % zuliefern. Ein weiterer Auftrag über den Bau von 15 weiteren sechzehnteiligen Garnituren CRH380BL und 40 achtteiligen Einheiten CRH380B erfolgte am 28. September 2009.

Als erster Sechzehnteiler rollte der CRH380B-6401L in Tangshan vom Band und wurde der Öffentlichkeit im September 2010 präsentiert. Ab November 2010 unternahm der Triebwagen Testfahrten auf der HG-Strecke Peking – Shanghai, wobei er am 5. Dezember 2010 eine Höchstgeschwindigkeit von 457 km/h erreichte. Einen guten Monat später am 10. Januar 2011 holte sich eine CRH-380BL-Garnitur sogar den Geschwindigkeitsweltrekord für Serientriebzüge mit 487,3 km/h, der vorher von einem CRH380AL mit 486,1 km/h gehalten worden war. Weitgehend deutsche Technik hatte sich dann doch ein wenig überlegen gezeigt. Seit dem 13. Januar 2011 stehen die ersten CRH380BL im Planeinsatz auf den HG-Strecken Shanghai – Hangzhou und Shanghai – Nanjing.

Rekorde auf schmaler Spur – Südafrika und Australien

Zwar besitzt ein Großteil der Staaten normalspurige (1.435 mm) Eisenbahnnetze, doch sind natürlich auch andere vorherrschende Spurweiten zu finden, sowohl breitere als auch schmalere. Eine der schmaleren Spuren ist die sogenannte Kapspur mit genau 3,5 englischen Fuß oder 42 englischen Zoll, was 1.067 Millimetern entspricht.

Kaum zu glauben, dass eine Maschine dieser Baureihe (6E1 Serie 4) einen Kapspurweltrekord fuhr. Hier die 6E1 E1474 und E 1468 vor der Kulisse des Lions Head in Kapstadt Hauptbahnhof am 27. März 2016.

Bereit zur Weltrekordfahrt steht die E1525 mit ihrer unverwechselbaren »Hochgeschwindigkeitsnase« und einem Messwagen.

Während Mt. Cooroy unbeeindruckt im Hintergrund thront, legen sich die elektrischen QR-Neigetriebwagen 301/302 mit dem Tilt-Train nach Rockhampton am 26.11.1998 bei Cooroy in die Kurve.

Die Kapspur hat aber primär nichts mit Südafrika und dem Kap der Guten Hoffnung zu tun, obwohl sie in Südafrika als Standardspurweite genutzt wird. Verantwortlich für diese Bezeichnung ist der norwegische Eisenbahn-Ingenieur Carl Abraham Pihl, nach dessen Initialen sie ursprünglich CAP-Spur genannt wurde. Pihl hatte schon Mitte des 19. Jahrhunderts erkannt, dass in Normalspur ausgeführte Bahnbauten im gebirgigen und dünn besiedelten Norwegen unrentabel waren. Daher verwendete er die nach ihm benannte schmalere Spurweite, um mit einer leichteren Bauweise eine bessere Anpassung an das Terrain zu erreichen. Die Baukosten lagen so im Vergleich zur Normalspur um 25 % niedriger und bis 1880 entstanden in Norwegen insgesamt 970 km kapspuriger Strecken. Zwischen 1904 und 1949 wurden aber mit einer Ausnahme all diese Strecken auf Normalspur umgenagelt. Heutzutage findet man große kapspurige Netze im südlichen Afrika, in Japan, Taiwan und Indonesien, in den australischen Bundesstaaten Queensland, Western Australia und Tasmanien sowie im benachbarten Neuseeland.

Unglaublich schnell in Südafrika

In den 1970er Jahren entwickelte der damalige technischer Leiter der Südafrikanischen Eisenbahnen (SAR), Herbert Scheffel, ein neues, nach ihm benanntes Drehgestell. Herkömmliche Drehgestelle – speziell auf schmaler Spur – verursachten vor allem in Kurven einen hohen Schienenverschleiß sowie heftige Vibrationen in den Wagen und waren zudem nicht hochgeschwindigkeitstauglich. Beim Scheffel-Drehgestell hingegen sind die beiden Radsätze so miteinander verbunden, dass die radiale Einstellung des voranlaufenden Radsatzes (die sich durch das konische Laufflächenprofil ergibt) auf den nachlaufenden Radsatz übertragen und somit ein Selbstlenk-Effekt erzielt wird. Vereinfacht ausgedrückt wird dieser Effekt erreicht, indem die Radsatzlager über Kreuz mit Stangen verbunden sind: Der erste Radsatz verändert dabei beim Einlaufen in einen Gleisbogen seinen Winkel gegenüber der Drehgestell-Seitenwange und diese Winkelveränderung wird über die Kreuzanker gegensinnig an den zweiten Radsatz

Bei Stromabnehmer-Versuchsfahrten im November 1980 zwischen Rosslyn und De Wildt konnte die E1525 bei Geschwindigkeiten bis zu 201 km/h ihre Leistungsfähigkeit noch einmal unter Beweis stellen.

weitergegeben. Dieses Prinzip eignet sich nicht nur für Wagendrehgestelle sondern auch für motorisierte, angetriebene Drehgestelle.

Schließlich sollte das Scheffeldrehgestell 1978 auch seine Eignung bei Hochgeschwindigkeitsfahrten beweisen. Einer 1974 gebauten, südafrikanischen Ellok der Baureihe 6E1 Serie 4 (3 kV=, Bo'Bo', 2.252 kW) mit der Nummer E1525 sollte diese Ehre zuteilwerden. Für die Schnellfahrten wurde sie mit einer geänderten Getriebeübersetzung, den Scheffeldrehgestellen und einer am vorderen Führerstand angebrachten, stromlinienförmig ausgebildeten »Haubennase« modifiziert. Als Teststrecke diente die 1938 eröffnete Alternativroute der South African Railways (SAR) von Bank über Midway nach Johannesburg, die zwischen Westonaria und Midway einen langen geraden Abschnitt besaß, um den Versuchszug zu beschleunigen, das voraussichtliche Maximum zu erreichen und dann wieder zu bremsen.

Nach diversen Hochtastfahrten war es am 31. Oktober 1978 schließlich soweit. Mit dem Lokomotivinspektor C. M. Engelbrecht an den Kontrollen und dem Lokführer George van Jaarsveld ebenfalls auf dem Führerstand konnte die Rekordfahrt beginnen. Die wilde Jagd ging los und war erst bei sagenhaften 245 km/h zu Ende. Damit hatten diese Tests bewiesen, dass die SAR die Geschwindigkeitsbegrenzungen der Kapspur überwunden hatte. Festzuhalten bleibt, dass dieser Rekord bis heute ungebrochen ist.

Ein Rückbau der Rekordlok erfolgte nicht, da sie für weitere Versuche zur Verfügung stehen sollte. So auch im November 1980, als Testfahrten mit dem britischen Einholm-Hochgeschwindigkeitsstromabnehmer der Bauart Brecknell-Willis anstanden. Die Fahrten fanden dieses Mal auf einem 10 km langen geraden Abschnitt zwischen Rosslyn und De Wildt auf der Strecke Pretoria – Briten statt. Während dieser Versuche wurden Geschwindigkeiten bis zu 201 km/h mit dem Stromabnehmer erreicht. Auch heute noch steht die E1525 mit ihrer abweichenden Getriebeübersetzung der Koedoespoort-Hauptwerkstätte von Transnet (vormals SAR) in Pretoria als Testobjekt zur Verfügung. Sollte sie jedoch einst den Dienst quittieren müssen, hat sie einen Platz als Museumslok bei der »SA Heritage Agency and Transnet Foundation« sicher.

Neigen auf Flughöhe »Null« in Queensland

Am 6. November 1998 nahmen die ersten australischen Neigezüge den fahrplanmäßigen Betrieb auf. Die beiden neuen elektrischen Neige-Triebwagen von Queensland Rail (QR) verbinden einmal am Tag auf Kapspur die queensländische Hauptstadt Brisbane mit dem 622 km nördlich gelegenen Rockhampton in weniger als acht Stunden.

Die Mitte der 1980er Jahre neu trassierte Strecke durch die Blackall Range kann von den Neigezügen natürlich schneller befahren werden, hier die QR-Einheiten 303/304 mit dem Tilt-Train nach Brisbane bei Eumundi am 26. November 1998.

Die Neige-Triebwagen 304/303 »fliegen« als Tilt-Train nach Rockhampton bei Bald Hills durch die Lande am 1. Dezember 1998.

Nachdem 1989 die North Coast Line (NCL) zwischen Brisbane und Rockhampton mit 25 kV/50 Hz elektrifiziert worden war, führte QR zwischen beiden Städten eine neue Verbindung, den »Spirit of Capricorn« ein. Einhergehend mit der Elektrifizierung gab es verschiedene Trassenverbesserungen sowie vier große Neutrassierungen: Eumundi Range, Gympie North, Maryborough West und Benaraby Bank bei Gladstone.

Dies alles ermöglichte eine zunächst durchaus attraktive Reisezeit von 9 Std. 45 Min. zwischen Brisbane und Rockhampton.

Doch QR wollte noch mehr und entschloss sich daher, weitere Reisezeitverkürzungen mit Hilfe der Neigetechnik zu versuchen. Am 6. März 1993 forderte QR verschiedene Firmen zur Angebotsabgabe auf, um zwei sechsteilige elektrische Neigezüge zu konstruieren. Gut eineinhalb Jahre später bekam die Lokfabrik Walkers in Maryborough den Auftrag, für 62,5 Mio. AUS-$ zwei sechsteilige Triebwagen mit Neigetechnik von Hitachi zu bauen. Eine sechsteilige Betriebseinheit besteht aus zwei dreiteiligen Grundeinheiten in der Reihung: Triebwagen, antriebsloser Mittelwagen (mit Büffet) und angetriebener Mittelwagen.

Noch heute wird die E1525 als Versuchslok (ohne Nase) benötigt, aber auch ihre Nase blieb als Anschauungsobjekt erhalten.

Die Grundeinheiten sind nicht trennbar, da die elektrische Ausrüstung aus Gewichtsgründen gleichmäßig unter die drei Wagen verteilt werden musste. Die beiden angetriebenen Wagen einer Grundeinheit sind mit jeweils vier 190 kW-Drehstrommotoren ausgerüstet. Die maximale Radsatzlast beträgt 12 Tonnen, das Gesamtgewicht der Sechser-Einheit 269 Tonnen. Die aktive Neigeeinrichtung, ebenfalls verwendet in den japanischen Neigezügen des Typs Shikoku 8000, lässt einen maximalen Neigewinkel von fünf Grad zu. Interessant ist die Steuerung der Neigeeinrichtung. Über einen Bordcomputer wird der Neigemechanismus bei Bedarf hydraulisch aktiviert. Im Bordcomputer ist das ganze Streckenprofil zwischen Brisbane und Rockhampton gespeichert. Bei Fahrtbeginn wird der Bordcomputer vom Triebfahrzeugführer eingeschaltet und während der Fahrt sektionsweise weitergeschaltet. Damit kennt der Zug immer seine jeweilige Position. Mit Hilfe des Tachometers misst der Zug seine zurückgelegte Entfernung, gleicht sie mit den Daten im Computer ab und dieser setzt dann die Neigeeinrichtung beim Anfahren jeder Kurve in Betrieb. Zur Kontrolle wird die Position des Zuges über die Schienenmagneten des CTC (Centralised Traffic Control) mitgeprüft. Die beiden Stromabnehmer jeder Einheit neigen sich bei aktiviertem Neigemechanismus in die entgegengesetzte Richtung. Hierfür wurde von Walkers eine spezielle Mechanik entwickelt und patentiert. Bei Ausfall der aktiven Neigetechnik garantiert die auch passiv funktionierende Neigeeinrichtung das Neigen und Wiederaufrichten beim Durchfahren von Kurven. Jede Sechsereinheit umfasst einen Ersten Klasse-Wagen (einer der beiden Triebwagen) sowie fünf Economy-Wagen.

Die erste dreiteilige Grundeinheit (Set Nr. 301) machte schließlich am 12. August 1997 ihre ersten Gehversuche zwischen Maryborough und Gympie North, noch lokbespannt und nicht aus eigener Kraft. Die eigentliche Testphase unter eigener Kraft begann dann am 21. Oktober 1997. Nach langsamem Hochtasten purzelte schon zwei Tage später der queensländische Geschwindigkeitsrekord, der Neigezug erreichte zwischen Curra und Theebine 170 km/h. Nur 23 km/h unter dem australischen Geschwindigkeitsrekord, gehalten von einem XPT aus NSW, stellt dies gleichzeitig die höchste, jemals in Australien erreichte Geschwindigkeit auf Kapspur dar. Bis Herbst 1998 waren Testreihen, Personalschulungen und Modifikationen der Streckeninfrastruktur abgeschlossen. Am 6. November 1998 starteten beide Züge zu ihrem ersten Planeinsatz. Seitdem verkehren die Neigezüge weitgehend störungsfrei und legten in den Anfangsjahren die 622 km zwischen Brisbane und Rockhampton in knapp siebeneinhalb Stunden (heute 7 Std. 45 Min.) zurück. Dies ergab bei den bis zu elf möglichen Zwischenhalten eine Reisegeschwindigkeit von 84,1 km/h.

Im Mai 1999 fanden mit der normalen, sechsteiligen Einheit »City of Rockhampton« weitere Schnellfahrten statt, um neue Erkenntnisse über zusätzliche Modifikationen bei den Neigezügen zu gewinnen. Dabei erreichte der Zug am 23. Mai 1999 auf dem langen geraden Abschnitt zwischen Meadowvale und Avondale nördlich von Bundaberg 210 km/h und sicherte sich damit offiziell den australischen Geschwindigkeitsrekord, das australische »Blaue Band der Schiene«. Noch heute gelten die elektrischen Neigezüge von Queensland Rail als die weltweit schnellsten Züge auf Kapspur im Regelbetrieb.

Im Schatten von Dampf die Dieseltraktion

und Strom

Auf Rekordfahrt – der Schienenzeppelin

Zwar waren Benzin-/Benzol- sowie Dieselmotor längst erfunden, doch ihre wirklich ausgereifte Anwendung im Schienenverkehr ließ bis Ende der 1920er Jahre / Anfang der 1930er Jahre auf sich warten. Aber ein bahntauglicher Antrieb ohne Dampf und Strom beflügelte allenthalben die Ingenieure, wobei auch manche Irrwege beschritten wurden.

Zu seiner ersten öffentlichen Fahrt steht der »Schienenzeppelin« am 18. Oktober 1930 im Hauptbahnhof von Hannover bereit.

Nach seiner Rekordfahrt am 21. Juni 1931 wird der »Schienenzeppelin« im Spandauer Hbf von einer staunenden Menschenmenge empfangen, während rechts die 93 207 unbeeindruckt mit einem Güterzug ihres Weges zieht.

Bei seiner großen Deutschlandrundfahrt am 26. Juni 1931 konnte der Schienenzeppelin auf der Steilrampe Erkrath – Hochdahl zwischen Wuppertal und Düsseldorf abgelichtet werden.

So blieben die Ingenieure Opel und Sander mit ihrem Raketenwagen eine Einzelerscheinung, da er keinen praktischen Wert besaß. Die Versuche gipfelten lediglich in einer Fahrt am 23. Juni 1928, wobei er die phantastische Geschwindigkeit von 254 km/h erreichte – allerdings unbemannt.

Schon näher kamen dem Ziel die Ingenieure Franz Kruckenberg – ein ehemaliger Luftschiffbauer – und Curt Stedefeld, welche bis 1930 einen Propeller-Schnelltriebwagen mit dem Beinamen »Schienenzeppelin« in Hannover auf die Beine stellten. Das silbern gestrichene Fahrzeug mit gewollter Ähnlichkeit eines Zeppelins auf Schienen lief lediglich auf zwei Einachslaufwerken. Sein Heck war strömungsgünstig abgeflacht und am bemerkenswertesten stach der große, zweiflügelige Propeller an seinem oberen Teil hervor, welcher durch einen im Heck montierten Zwölfzylinder-Flugmotor von BMW mit 600 PS Leistung angetrieben wurde. Der außerordentliche Vorteil des Antriebs lag auf der Hand. Im Gegensatz zu allen anderen Getrieben gestattete ein Propeller durch einfaches Gasgeben eine stufenlose und damit ideale Geschwindigkeitsregelung. Der antreibende Motor konnte bis zur Höchstleistung alle Stufen durchlaufen. Da Getriebe und sonstiger Ballast wegfielen, war es möglich, das 25,85 m lange Fahrzeug leicht zu bauen. Es wog nur 18,6 Tonnen und fasste 40 Personen.

Erste Probefahrten auf der »Hasenbahn« bei Burgwedel in der Südheide begannen im September 1930. Am 18. Oktober 1930 stand schließlich eine festlich gekleidete Menschenmenge auf dem Hauptbahnhof Hannover, Gäste, die als Passagiere an der ersten Fahrt des neuen Schienenzeppelins teilnehmen sollten. Als mit lautem Dröhnen der Propeller angeworfen wurde und Hüte über die Gleise rollten, wusste man nicht so recht, war man nun in einem Bahnhof oder auf dem Rollfeld eines Flugplatzes. Gleich nachdem der Aufsichtsbeamte die Fahrt frei gab und schnell zurücktrat, heulte der Propeller auf und der Schienenzeppelin startete. Die Luftschraube dröhnte lauter und lauter, langsam schob sich das Fahrzeug vom Bahnsteig, glitt über die Ausfahrtsgleise, von einer jubelnden Menschenmenge bestaunt, und schwenkte in die Strecke nach Celle ein. Dann gab

Nach seiner Rekordfahrt wurde der »Schienenzeppelin« im Berliner Bahnhof »Rennbahn-Stadion Grunewald« ein paar Tage lang zur Besichtigung durch die Öffentlichkeit ausgestellt.

Kruckenberg Gas, so dass eine Staubwolke aufwirbelte. Nach 30 Sekunden hatte man 60 km/h erreicht, nach 60 waren es 90, nach 90 Sekunden 120, und als zwei Minuten nach dem Start (Abfahrt) verstrichen waren, brummte der Zeppelin bereits mit 150 Sachen über die Gleise. Aber schneller durfte er noch nicht, das war verboten.

Nach ersten Probeläufen im Raum Hannover wollte Kruckenberg den Propellerwagen einmal auf längerer Strecke testen, um ihn unter den Bedingungen des fahrplanmäßigen, schnellen Fernreiseverkehrs zu prüfen. So stand der Schienenzeppelin in den frühen Morgenstunden des 21. Juni 1931 in Hamburg-Bergedorf um 3:27 Uhr zur Abfahrt nach Berlin bereit. Die Route zwischen Hamburg und Berlin galt 1931 bei DRG als eine der schnellsten Strecken, da sie in weitgehend geradem Verlauf und mit kaum nennenswerten Steigungen trassiert worden war. Nach der Abfahrt pendelte sich auf freier Strecke die Tachometernadel schnell zwischen den Markierungen von 150 bis 180 km/h ein. Die mecklenburgischen Bahnstationen von Ludwigslust, Grabow und Wendisch-Warnow wurden rasch durcheilt und dann ging der Schöpfer des »Schienenzeppelins« die schnurgerade Strecke bis nach Wittenberge mit voller Motorenleistung an. Bald war auf dem Tachometer die 200 km/h-Marke überschritten und über eine Distanz von etwa zwölf Kilometern raste der Wagen zwischen Karstädt und Dergenthin mit in der Spitze 230,2 km/h dahin! Das war einsamer Rekord! Erst vor Wittenberge verlangsamte sich der Lauf wieder, denn die engeren Bögen in der Bahnhofsdurchfahrt konnten nur mit 60 km/h bewältigt werden. Je mehr man sich Berlin näherte, umso mehr begeisterte Menschen standen am Gleis und winkten dem Fahrzeug zu. Schließlich rollte es um 5:05 Uhr nach einer Fahrzeit von 1 Stunde, 38 Minuten und 19 Sekunden auf dem Bahnhof Spandau West an den Bahnsteig. Am nächsten Morgen überschlugen sich die Zeitungen mit ausführlicher Berichtserstattung von Franz Kruckenbergs Rekordfahrt: Der »Berliner Lokalanzeiger« vom 22. Juni 1931 warb mit der Schlagzeile »Glänzender Fahrtverlauf Hamburg – Berlin. Schienenzeppelin fährt Weltrekord«, und das »Berliner Tageblatt«

Eigentlich fehlen nur noch die Flügel, dann könnte der »Schienenzeppelin« abheben.

stellt fest: »Schienen-Zepp schneller als Flugzeug, Hamburg – Berlin in 102 Minuten«. Auf jeden Fall beeindruckend war die Durchschnittsgeschwindigkeit der Rekordfahrt mit 157,3 km/h.

Am Freitag, dem 26. Juni 1931 um 5:30 Uhr, brach der Schienenzeppelin vom Betriebsbahnhof Grunewald zu seiner großen Deutschlandrundfahrt auf. Sie führte ihn über Potsdam, Brandenburg (Havel), Magdeburg, Seesen, Kreiensen, Holzminden, Höxter, Bad Driburg, Altenbeken, Paderborn, Lippstadt, Soest, Hagen und Elberfeld nach Düsseldorf, wo er gegen 13:47 Uhr eintraf. Diese Fahrt lockte abermals viele Menschen an den Bahndamm, um einen Blick auf den vorbeijagenden silbernen Schatten zu werfen. Zwei Tage später traf das Fahrzeug wieder in Hannover ein. Dort wurde der Versuchswagen ab August 1932 vollständig umgebaut, denn es hatte sich schnell gezeigt, dass der Propellerantrieb im Eisenbahnnetz herkömmlicher Bauart nicht anwendbar war. Er hätte zumindest einen eigenen Bahnkörper erfordert, denn ein hochtouriger Propeller erzeugte einen überaus starken Seitenwind. Auf der Durchfahrt von Bahnhöfen und Haltepunkten sowie bei der Vorbeifahrt an Gebäuden, Stellwerken, Signalen usw. müsste er ständig gedrosselt werden. Ferner war der Betrieb des Wagens für die Eisenbahner selbst nicht ungefährlich, wenn er an Schrankenwärtern, Streckenarbeitern und anderen mit seinem großen Luftwirbel vorüberbrauste. Dazu kam noch die Konzeption als Einrichtungsfahrzeug und so schied der Wagen trotz des schönen Erfolgs aus dem praktischen Betrieb aus.

Beim Umbau rückte nun der BMW-Motor an das vordere Fahrzeugende und wirkte dort in einem frisch eingebauten zweiachsigen Drehgestell auf eine hydraulische Kraftübertragung des Systems Föttinger für Vorwärts- und Rückwärtsfahrt. Die Fahrzeugfront musste daher entsprechend modifiziert werden und trug nun oben in der Mitte einen Abgaskamin. Damit begannen im November 1932 erneute Probefahrten und Anfang 1933 erreichte der umgebaute Wagen sogar 180 km/h. Danach kehrte der umgebaute »Schienenzepp« nach Hannover zurück und erhielt einen neuen Maybach-Dieselmotor des Typs GO 5 mit 410 PS Nennleistung eingebaut. Weitere ausgiebige Tests folgten ab dem 19. Juni 1934 zwischen dem Lehrter Bahnhof in Berlin und Hamburg. Anschließend verkaufte Kruckenberg im November 1934 das Gefährt für 10.000 Reichsmark an die DRG für weitere Versuche mit dem hydraulischen Getriebe. Zwischen Juni und September 1935 führte die Lokomotiv-Versuchsabteilung Grunewald u.a. wohl mehr als 20 Messfahrten zwischen Berlin und Altona durch. Dann blieb das Fahrzeug abgestellt und sollte ggf. an ein Museum übergeben werden. Dies zerschlug sich jedoch und so wurde der einstige ruhmreiche Propellerwagen im Frühjahr 1939 sang- und klanglos zerlegt.

Kurze Blüte: Die Triebwagen-Schnellverkehre der DRG

Obwohl knapp bei Kasse als Folge der Weltwirtschaftskrise 1928/29 experimentierte die Deutsche Reichsbahn-Gesellschaft (DRG) Anfang der 1930er Jahre mit innovativen Antriebstechniken und versuchte, den Schienenverkehr in Deutschland weiterzuentwickeln.

In der Obhut des SVT-Fördervereins e.V. befindet sich SVT 137 856 der Bauart »Köln«, hier bei einer Fahrzeugausstellung in Delitzsch.

Von der Bauart »Leipzig« blieb als Einziger der Rekordtriebwagen SVT 137 234 erhalten, ebenfalls betreut vom SVT-Förderverein e.V.

Auf dem Museumsgleis im Leipziger Hbf steht der erhaltene SVT 137 225 der Bauart »Hamburg«.

Große Beachtung fand auf jeden Fall der am 21. Juni 1931 von Kruckenbergs Schienenzeppelin mit 230,2 km/h aufgestellte Weltrekord für Schienenfahrzeuge (siehe Kapitel zuvor). Für den praktischen Betrieb schien der DRG dieses Fahrzeug jedoch nicht geeignet und so entwickelte sie ihre Idee eines dieselgetriebenen Schnelltriebwagens weiter. Schließlich bestellte sie im Februar 1932 unter der Regie ihres Triebwagendezernenten Max Breuer bei der WUMAG in Görlitz einen zweiteiligen Triebwagen mit dieselelektrischem Antrieb. Seine beiden Wagenkästen bildeten eine aerodynamische Stahlleichtbau-Konstruktion in Spantenbauweise. In den beiden Laufdrehgestellen ruhten die 302 kW starken Maybach-Dieselmotoren des Typs G 05. Der Antrieb erfolgte über Gleichstrom-Tatzlagermotoren im mittigen Jakobsdrehgestell. Mit dieser Konfiguration konnte die geforderte Höchstgeschwindigkeit von 160 km/h erreicht werden und mittels Druckluft- sowie Magnetschienenbremsen konnte er innerhalb von 800 Metern zum Halten gebracht werden.

Nach Indienststellung der als VT 877a/b bezeichneten Garnitur noch im Jahr 1932 folgten umfangreiche Probe- und Personalschulungsfahrten. Am 19. Dezember befuhr er erstmals seine neue Stammstrecke Berlin – Hamburg. Bei diesen nicht öffentlichen Fahrten erreichte er eine Höchstgeschwindigkeit von 165 km/h, doch zunächst wurde dies unter Verschluss gehalten. Dies änderte sich aber schlagartig am 30. Dezember bei einer Fahrt von Berlin nach Hamburg mit geladenen Pressevertretern. Diese staunten nicht schlecht über die Geschwindigkeitsanzeige an den Wagenenden im Zug, die wieder bis auf die Marke von 165 km/h kletterte. So überschlugen sich zu Jahresbeginn 1933 alle Zeitungen über den neuen Zug mit einer atemberaubend erscheinenden Geschwindigkeit und die Begeisterung über schnelles Reisen nahm ungeahnte Ausmaße an. Die Revolution im Schnellverkehr erfolgte dann am 15. Mai 1933, denn der VT 877a/b befuhr nun als FDt 2/FDt 1 »Fliegender Hamburger« planmäßig die 287 km lange Strecke Berlin – Hamburg und benötigte dafür nur 2 Std. und 18 Minuten. Dies entsprach einer Reisegeschwindigkeit von 124,8 km/h. Damit löste er den englischen »Cheltenham Flyer« der Great Western Railway als planmäßig schnellsten Zug der Welt ab. Zwar wurde regulär nur mit maximal 140 km/h gefahren, doch zum Aufholen von Verspätungen durfte er auf seine zugelassene Höchstgeschwindigkeit beschleunigen.

Aufbauend auf den Erfahrungen mit diesem Triebwagen bestellte die DRG 13 ähnliche Doppeltriebwagen als Bauart »Hamburg« (SVT 137 149-152 u. 224-232). Eine leicht geänderte Kopfform mit größeren Führerstandsfenstern unter Verzicht auf das herunter-

Im Werksmuseum von LHB (heute Alstom) in Salzgitter repräsentieren die beiden Endwagen des SVT 137 851 der Bauart »Köln« in Originallackierung die »gute alte Zeit«.

Auf Werksprobefahrt in Liegnitz Hauptbahnhof zeigt sich 1936 der SVT 137 154 (Bauart »Leipzig«).

gezogene Dach sowie der Einbau einer Scharfenberg-Kupplung waren die augenfälligsten Unterschiede zum »Ur-Hamburger«. Ab 1935 begann die DRG mit diesen Fahrzeugen den Aufbau ihres Schnelltriebwagen-Netzes. Bis Oktober 1935 wurde das Streckenangebot um Köln – Düsseldorf – Hamm – Berlin Stadtbahn (FDt 15/16), Frankfurt am Main – Erfurt – Leipzig – Berlin Anhalter Bf (FDt 571/572) sowie Köln – Essen – Bremen – Altona (damals noch nicht Hamburg-Altona; FDt 37/38) erweitert.

Für den geplanten SVT-Verkehr nach Schlesien und Ostpreußen ließ die DRG parallel zur Bauart »Hamburg« einen dreiteiligen Schnelltriebwagen entwickeln. Zunächst als Bauart »Breslau« bezeichnet, wurden diese Wagen später in Bauart »Leipzig« umbenannt. Je zwei dieselhydraulische (SVT 137 153 u. 154) und dieselelektrische Einheiten (SVT 137 233 u. 234) waren bis Mitte 1936 ausgeliefert. Ermöglicht wurde der Bau dreiteiliger Fahrzeuge mit 160 km/h Höchstgeschwindigkeit durch die Entwicklung eines 600 PS-Dieselmotors (442 kW) mit Abgasturboaufladung von Maybach des Typs G 06. Wie bei der Bauart »Hamburg« liefen die Wagen auf zweiachsigen Endrehgestellen und mittleren Jakobsdrehgestellen. Die Jakobsdrehgestelle fungierten bei den dieselhydraulischen Wagen als Laufdrehgestelle, bei den dieselelektrischen nahmen sie wiederum die elektrischen Fahrmotoren auf. Erstmals wurden bei diesen Fahrzeugen Sitzplätze 3. Klasse angeboten, da man im Verkehr Richtung Osten nicht ausreichend Fahrgäste der 2. Klasse erwartete.

Der dieselelektrische SVT 137 234 erreichte im Februar 1936 bei Versuchsfahrten zwischen Hamburg und Berlin einen neuen Weltrekord von 205 km/h für serienmäßige Eisenbahnfahrzeuge. Bis auf die höher eingestellte Erregung der Generatoren waren an ihm keine Änderungen gegenüber der Serienausführung vorgenommen worden. Ab dem 15. Mai 1936 fuhr dann eine »Leipziger«-Garnitur planmäßig als FDt 45/46 in der Relation Berlin Stadtbahn – Breslau – Gleiwitz – Beuthen.

Ebenfalls ab 15. Mai 1936 kamen die Verbindungen Köln – Elberfeld – Hagen – Hamm – Berlin Stadtbahn (FDt 17/18), München –

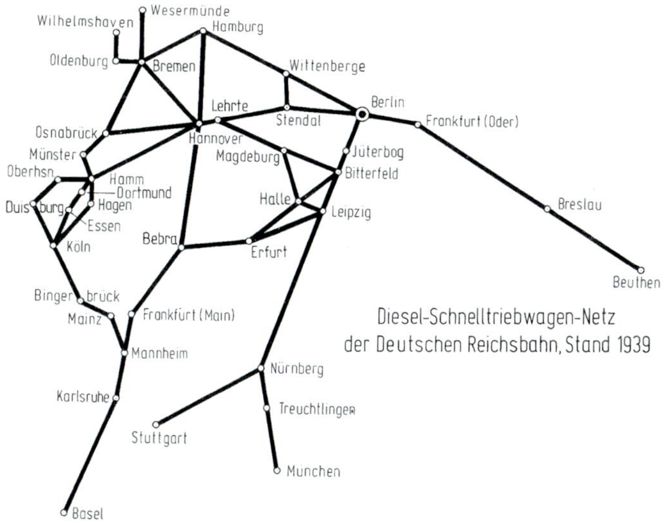

Diesel-Schnelltriebwagen-Netz der Deutschen Reichsbahn, Stand 1939

Der Volksmund und die »Fliegenden Züge«

Schon bald nach der Aufnahme des Planverkehrs Berlin – Hamburg hatte sich im Volksmund für den neuen Schnelltriebwagen der Begriff »Fliegender Hamburger« eingebürgert. Mit weiteren Verbindungen von und zu anderen Städten fanden sich schnell auch entsprechende Namen wie etwa »Fliegender Kölner«, »Fliegender Münchener« oder »Fliegender Stuttgarter«. Die DRG selbst benutzte diese Namen offiziell nicht, denn viele Städte nur mit Unterwegshalten fühlten sich dadurch benachteiligt. Schließlich richtete die RBD Essen einen Namenswettbewerb aus, doch Vorschläge wie etwa »Rhein-Ruhr-Spree« fanden keinen Anklang beim gemeinen Volk.

Nürnberg – Berlin Anhalter Bf (FDt 551/552) und Stuttgart – Nürnberg – Berlin Anhalter Bf (FDt 711/712) neu hinzu. Als planmäßig schnellste Verbindung der Welt (durchschnittlich 132,6 km/h bei 160 km/h Spitze) hatte nun der FDt 16 von Berlin nach Köln die Nase vorn und verwies den FDt 2 Berlin – Hamburg auf die Plätze. Verschiedene Zugläufe fuhren jetzt auch auf Teilstrecken vereinigt wie die FDt 15/16 und FDt 17/18 zwischen Hamm und Berlin sowie die FDt 551/552 und FDt 711/712 im Abschnitt Nürnberg – Berlin. Ferner wurden im Oktober 1937 die Zugläufe der FDt 571/572 zwischen Berlin – Frankfurt (Main) bis nach Karlsruhe verlängert.

Der große Erfolg des Schnelltriebwagenverkehrs führte rasch zu weiteren Beschaffungen. So entstand die dreiteilige Bauart »Köln« (SVT 137 273-278, 851-858) als dritte Variante, bei der verschiedene Forderungen von Werkstatt- und Betriebsdienst zu Änderungen des Fahrzeugkonzepts führten (z.B. zur leichteren Trennung Einzel- statt Jakobsdrehgestelle). Erstmals waren diese Triebwagen nun auch mit einem MITROPA-Speiseraum ausgerüstet, was den Komfort spürbar erhöhte. Der bewährte dieselelektrische Antrieb wurde unverändert beibehalten. Insgesamt 14 »Kölner« wurden 1938 ausgeliefert. Damit konnte das Schnelltriebwagennetz erneut ausgeweitet werden. Mit den FDt 10/11 (ab 15. Mai 1938) und FDt 27/28 (ab 2. Oktober 1938) wurden gleich zwei weitere Zugpaare auf der sehr erfolgreichen Strecke Hamburg-Altona – Berlin eingesetzt. Hinzu kamen noch ab 1. Juli die FDt 51/52 in der Relation Berlin Stadtbahn – Hannover – Bremen – Wilhelmshaven und ab 15. August 1938 die FDt 77/78 (Frankfurt/Main – Kassel – Hannover – Hamburg-Altona).

Seinen größten Umfang erreichte das Schnelltriebwagennetz dann ab dem 15. Mai 1939 mit den zusätzlichen Verbindungen:

- FDt 33/34 (Basel SBB – Frankfurt (Main) – Halle (Saale) – Berlin Anhalter Bahnhof),
- FDt 49/50 (Basel SBB – Frankfurt (Main) – Köln – Dortmund),
- FDt 231/232 (Wesermünde (heute Bremerhaven) – Bremen – Magdeburg – Dessau – Leipzig) und
- FDt 583/584 (Hamburg-Altona – Magdeburg – Halle/Saale – Leipzig – Dresden).

Doch wenig später war schon wieder Schluss, denn der nahende Zweite Weltkrieg brachte schon am 22. August 1939 den Schnellverkehr durch einen Notfahrplan jäh zum Erliegen. Damit endete der öffentliche SVT-Verkehr und die meisten Triebwagen wurden anschließend von Regierung und Wehrmacht requiriert.

Langstreckenrekord in den USA – der M-10001 der Union Pacific

Mit dem M-10001 stellte die Union Pacific Railroad (UP) am 2. Oktober 1934 nach dem M-10000 ihren zweiten »Streamliner«-Zug in Dienst, als erster mit einem richtigen Dieselmotor ausgestattet. Der sechsteilige Schnelltriebwagen ruhte mit Ausnahme der Enddrehgestelle auf Jacobs-Drehgestellen, welche die Wagen gelenkig miteinander verbanden.

Als »City of Denver« durcheilt der M-10005 der Union Pacific im Schatten der Rocky Mountains die Weiten der Prärie.

Noch einmal der »City of Denver« in der zweiten Hälfte der 1930er Jahre, geführt vom M-10006.

1934 kündigte die Union Pacific ihren neuen M-10001 mit dieser Werbeanzeige an.

Angetrieben wurden die Radsätze des Endrehgestells im Triebkopf sowie des nachfolgenden Jacobs-Drehgestells durch vier Elektromotoren von General Electric (GE), die über eine V12-Version des Winton 201-A-Motors (912,5 PS / 671 kW) von General Motors Electro-Motive Corporation (GM-EMD) sowie einen GE-Generator mit Strom versorgt wurden. Den gesamten wagenbaulichen Teil fertigte Pullman-Standard als selbsttragende Wagenkästen mit trapezförmigem Querschnitt in genieteter Leichtbauweise aus Duraluminium.
Zum Beweis ihrer technologischen Überlegenheit schickte die UP ihren neuen M-10001 noch im Oktober 1934 auf Werbe- und Rekordfahrt von Küste zu Küste. Er brach in Los Angeles am 22. Oktober um 20 Uhr Ortszeit zu seiner 5.244 km langen transkontinentalen Sonderzugfahrt auf und lief am 25. Oktober um 9:55 Uhr im Grand Central-Bahnhof von New York ein. Mit einer bis heute nicht überbotenen Reisezeit von 56 Std. und 55 Min. hatte er die USA von der West- zur Ostküste in Rekordzeit durchquert. Dabei soll der »Streamliner« abschnittsweise auf den geradlinig trassierten Strecken im mittleren Westen bis zu 193 km/h schnell gefahren sein.

Die Rekordfahrt

Dank aufwendiger Planung war die UP davon überzeugt, dass sie mit ihrem neuen Zug fast einen ganzen Tag vom bisherigen Fahrplan zwischen Chicago und der Westküste einsparen könnte.

So bestiegen dann am 22. Oktober bekannte Industrielle, hochkarätige Funktionäre und UP-Offizielle sowie Reporter der zehn wichtigsten Zeitungen und des NBC-Radios den »Streamliner«. Überaus beeindruckt zeigte sich auch der Verlagsdirektor der Los Angeles Times, L. D. Hotchkiss, dessen tägliche Berichte von der Rekordfahrt hier auszugsweise wiedergegeben werden:
»Der große gelbe und braune Zug der Union Pacific machte sich letzte Nacht auf eine epochemachende Reise, begleitet von den besten Wünschen von rund 8.000 Menschen, die irgendwie mitbekommen hatten, dass der Zug in East Los Angeles starten würde, was eigentlich ein Geheimnis sein sollte. Sein 913 PS starker Winton Dieselmotor, dessen Kraft ein riesiger Generator von General Electric in Elektrizität umwandelt, brummte fröhlich vor sich hin, nur mit einem leicht kernigen Sound und ohne Vibrationen. Zurückgezogen im vorderen Führerstand, der sehr an das Cockpit eines modernen Flugzeugs erinnert, saßen drei Ingenieure am Fahrpult. Nur einer wurde benötigt, um die Schienenrakete zu bedienen, doch alle waren dabei, um an dieser Fahrt, die Geschichte schreiben wird, teilzunehmen.
Mit grimmigen Gesichtern und angespannt, ohne ein einziges Lächeln untereinander, starrten ihre Augen sowohl auf den vor ihnen liegenden Schienenstrang als auf ihre Eisenbahn-Uhren. Ein Signal irgendwo hinten in der Tiefe des gelben Monsters ertönt bis

Nach der Rekordfahrt im Oktober 1934 verschaffte der M-10001 seinen Herstellern und der Union Pacific einen hohen Aufmerksamkeitswert in der Öffentlichkeit, so dieses Werbeplakat von General Motors.

in den Führerstand. Kaum hörbar setzte sich die Masse aus Aluminium, Stahl, Bronze und Glas mit verblüffender Geschwindigkeit in Bewegung. Bevor es einige Zuschauer begriffen, war sie schon verschwunden.«

Leicht und ohne Unterstützung brachte der der Zug seine 52 Fahrgäste über den Cajon-Pass, durch die Mojave-Wüste bis nach Las Vegas in Nevada, immer noch nicht mehr als ein verschlafenes kleines Wasserloch. Er war fünf Minuten zu früh in Salt Lake City, fast sechseinhalb Stunden schneller als der »Los Angeles Limited« der UP, den der Stromlinienzug während der Nacht überholt hatte. Hinauf durch den Echo Canyon, über den Sherman Hill, nichts schien die neue Wundermaschine aufhalten zu können. Pünktlich in Cheyenne, nur 23 Stunden und 45 Minuten entfernt von Los Angeles, keuchte Hotchkiss von der Times über seiner Reiseschreibmaschine:

Auch mit einer kolorierten Postkarte wurde der neue »Streamliner« M-10002 der Union Pacific als »City of Los Angeles« entsprechend gewürdigt.

»Der Stromlinienzug, die nervöse junge Tochter des alten eisernen Pferdes, zieht ihre Bahn über den Kontinent auf einem Pfad, der ihren Papa (den Dampfzug) dazu brachte, laute Pfiffe auszustoßen. Geschmückt mit den Farben der Union Pacific bricht dieser emanzipierte Nachkomme einer großen alten Familie auf, um der Welt zu zeigen, dass der Eisenbahnreiseverkehr müde ist vom ‚lange Nase zeigen' dieser verdammten Flugzeuge.«

Die UP mag sich nicht viel um den Begriff »emanzipiert« geschert haben, aber es war deutlich, dass der M-10001 einer der schnellsten Züge war. Er hatte bereits die 1.298 Meilen (2.089 km) von East Los Angeles nach Cheyenne schneller als jeder andere Zug in der Geschichte durchfahren. Doch die folgenden 507 Meilen (816 km) nach Omaha boten die beste Möglichkeit für ein beständig hohes Tempo auf der ganzen Strecke: Es ging meist bergab und es gehörte alles zur UP. Sechs Stunden und neun Minuten von Cheyenne entfernt stand der Streamliner an den Ufern des Missouri River, nach einer nächtlichen Jagd mit einer durchschnittlichen Geschwindigkeit von 84 mph (135 km/h). Es war 6:05 Uhr am frühen Morgen in der Heimatstadt der Union Pacific und ein neuer Tag brach an. Seitdem er Cheyenne verlassen hatte, hatte der Zug 100 Meilen (161 km) mit 100 mph und mehr zurückgelegt, darunter 18 Meilen (29 km) mit 110,5 mph (178 km/h) und zwei Meilen mit 120 mph (193 km/h) im westlichen Nebraska. Es war die schnellste jemals unternommene 500 Meilen-Fahrt.

Fahrplan des M-10000 »City of Salina«

Schließlich erreichte der M-10001 den Chicagoer Bahnhof La Salle Street genau 38 Std. und 49 Min., nachdem er Los Angeles verlassen hatte. Der Zug hatte 20 Stunden vom schnellsten regulären Fahrplan eingespart. Somit war mit den neuen Zügen also eine normale 40 Stunden-Reise nach Chicago möglich. Die weitere Fahrt nach New York war fast eine Enttäuschung, aber nicht ganz. Die Menschen entlang der Strecke wussten von der Fahrt und Zuschauergruppen standen in Ohio, Pennsylvania und im Norden des Bundestaates New York an der Trasse – sogar in den Stunden nach Mitternacht – um den neuen Zug vorbeischießen zu sehen. Unter einem sonnigen Morgenhimmel rollte der »Streamliner« schließlich am östlichen Ufer des Hudson hinab. Die lokalen Vorschriften verboten die Einfahrt mit laufendem Dieselmotor in das New Yorker Grand Central Terminal und so wurde fünf Meilen außerhalb eine gewöhnliche Elektrolok vor den M-10001 gekuppelt. Bei seiner Ankunft um 9:55 Uhr wurde der Zug von zahlreichen Reportern, Fotografen, offiziellen Vertretern, Geschäftsführern und neugierigen Zuschauern begrüßt.

Planeinsatz

Nach der Rekordfahrt wurde der M-10001 von Pullman-Standard im Frühjahr 1935 modifiziert, um einen siebten Wagen verstärkt und der Triebkopf verlängert zur Unterbringung eines leistungsstärkeren Motors. Ab dem 6. Juni 1935 fuhr er dann als »City of Portland« im Nachtzugdienst zwischen Portland/Oregon und Chicago und stellte mit 39 Std. und 45 Min. die schnellste Reisemöglichkeit zwischen der Pazifikküste und Chicago dar.

Zuvor hatte schon sein Vorgänger und erster »Streamliner« der UP, der dreiteilige M-10000, am 31. Januar 1935 den täglichen Dienst zwischen Salina im zentralen Kansas über Topeka nach Kansas City aufgenommen und wurde ab dem 13. März 1935 dann offiziell als »City of Salina« bezeichnet. Er bewältigte die 301 km lange Strecke mit zehn Zwischenhalten in dreieinhalb Stunden und sparte damit 75 Minuten gegenüber der bisherig schnellsten dampfbespannten Verbindung ein.

Als dritter Stromlinienzug der UP folgte im Mai 1936 der elfteilige M-10002, letztmalig mit einem Triebkopf im »Fischkopf«-Design analog den M-10000 und M-10001. Den Zug führte nun eine autonome Antriebseinheit bestehend aus Triebkopf und einem zweiten Maschinenwagen als »Booster«. Daher sah die UP den M-10002 A+B als ihre erste »Diesel-Lokomotive« an. Ab dem 15. Mai 1936 fuhr der Zug als »City of Los Angeles« und verkürzte die Fahrzeit zwischen Chicago und Kalifornien auf 39 Std. und 45 Min. Mit den Einheiten M-10003-10006 A+B folgten im Juni 1936 ähnliche »Lokomotiven«, die Triebköpfe aber nun im futuristischen »Automotive-Design. Der M-10004 startete am 14. Juni 1936 als »City of San Francisco« ins nördliche Kalifornien mit einer Fahrzeit unter ebenfalls knapp 40 Stunden. Die M-10005 und -10006 (als Reserve der M-10003) bedienten ab dem 18. Juni 1936 die Stromlinienzugverbindung »City of Denver« über die 1.688 km lange Strecke von Chicago nach Denver. Um 1940 stellte sie mit einer Durchschnittsgeschwindigkeit von 118,9 km/h den weltweit schnellsten planmäßigen Fernzug auf einer 1.000 Meilen-Strecke dar.

Doch diesen ersten dieselbetriebenen Stromlinienzügen der UP war kein langes Leben beschieden. Der M-10001 wurde schon im Juni 1939 abgestellt, der M-10000 dann im Dezember 1941. Die zweiteilige »Diesellok« M-10002 A+B ging im Mai 1943 auf den Rand und die M-10003-10006 A+B folgten im März 1953.

Der fliegende »Budd« und der TurboTrain

Mitte der 1960er Jahre ließen die großen Fortschritte beim Schienenverkehr vor allem in Japan und in Frankreich Politiker und Unternehmen in den USA aufhorchen. Vor allem der schnittige Shinkansen mit seiner zeitfressenden Geschwindigkeit von über 200 km/h zwischen Tokio und Osaka sorgte für große Schlagzeilen.

Schon ein irres, heißes Geschoss war der mit Jet-Turbinen und »Nase« modifizierte Budd-Triebwagen M-497 des Typs RDC, welcher den bis heute ungebrochenen US-amerikanischen Rekord von 295,88 km/h aufstellte.

Hingegen schlichen die Züge auf der einzigen elektrifizierten US-Hauptstrecke gerade mal mit höchstens 144 km/h dahin, wurden von 30 Jahre alten Lokomotiven gezogen und mussten mehr und mehr Fahrzeitverlängerungen auf Grund der zunehmend mangels Wartung sich verschlechternden Infrastruktur hinnehmen. Als Antwort auf diese internationalen Entwicklungen beschloss der amerikanische Kongress 1965 das Gesetz über den bodennahen Hochgeschwindigkeitsverkehr (High Speed Ground Transportation Act), welches u.a. zum Aufbau einer Abteilung »Schnellverkehr« führte und 90 Mio. US-$ für Forschung und Entwicklung auf dem Gebiet des schnellen Transports am Boden zur Verfügung stellte.

Der M-497 der New York Central

Zwar nicht vom Staat gefördert, aber von der New York Central (NYC) für notwendig erachtet, sollten auch bei dieser Bahngesellschaft die Voraussetzungen für schnellfahrende Fahrzeug erforscht werden. Schließlich hatte schon 1893 die NYC-Dampflok »999« für einen aufsehenden Rekord gesorgt. So beauftragte im Juni 1966 der damalige Präsident der NYC, Alfred E. Perlman, das hauseigene Technical Center im Ausbesserungswerk Collinwood in Cleveland/Ohio mit dieser Aufgabe. Federführend bei diesem Projekt sollte der Ingenieur Don Wetzel agieren. Doch das Budget

Ein siebenteiliger TurboTrain der Canadian National bei der Anlieferung.

Langlebiger als die US-amerikanischen Kolleginnen zeigten sich die kanadischen TurboTrains, hier in der Farbgebung unter der Flagge von »Via Rail«.

war gering, also musste kreativ in die Trickkiste gegriffen werden. Als Basis diente ein 1953 gebauter Budd-Dieseltriebwagen M-497 des Typs RDC-3, dessen Gepäck- und Postabteil problemlos die Messinstrumente aufnehmen konnte. Angetrieben werden sollte er von zwei auf dem Dach montierten Flugzeugturbinen des Typs General Electric J49-19, welche aus Überschussbeständen günstig von der Regierung erworben werden konnten. Don Wetzels Frau Ruth, eine kommerzielle Designerin, entwarf das stromlinienförmige Äußere mit der markanten Nase und der unverwechselbaren schwarz-grauen Farbgebung. Nach Windkanalversuchen an der Case Western Reserve University in Cleveland konnte die Nase dann noch weiter modifiziert werden. Der Umbau des M-497 erfolgte ausschließlich in Collinwood. Dabei blieb der Wagenkasten

Um 1970 ist ein TurboTrain von New York gerade in die Bostoner South Station eingelaufen und wird bald darauf die Rückfahrt antreten.

komplett erhalten, lediglich die »Nase« wurde am B-Ende auf einen Rahmen aufgebaut. Ferner verpasste man dem Fahrzeug eine verbesserte Federung, neue Radsätze sowie seitliche Schürzen und ein »geglättetes« A-Ende zur Verringerung des Luftwiderstands. Die beiden Detroit Dieselmotoren wurden natürlich vom Antrieb gelöst, blieben aber in Betrieb, um Energie für die Druckluftbremsen und elektrischen Systeme zu liefern.

Als Versuchsstrecke diente ein 70 Meilen langer Hauptstreckenabschnitt zwischen Butler/Indiana und Air Line Junction, außerhalb von Toledo/Ohio. Die beiden ersten Schnellfahrten fanden am Samstag, 23. Juli 1966, auf dem 21 Meilen langen Abschnitt zwischen Butler/Indiana und Stryker/Ohio statt. Bei der zweiten Fahrt erreichte der »Fliegende Budd« sogar 196 mph (315 km/h) nach Aussagen des an den Kontrollen stehenden Don Wetzel. Der offizielle Geschwindigkeitsrekord betrug jedoch 183,85 mph (295,88 km/h) – bestätigt von zwei unabhängig voneinander agierenden Radarmessungen. Zwei weitere Testfahrten wurden noch am nächsten Tag unternommen, allerdings mit reduzierter Geschwindigkeit, da eine der beiden Turbinen ausgefallen war. Auf einer Pressekonferenz mit dem Rekordtriebwagen am 26. Juli 1966 in New York dementierte Perlman heftig, dass die NYC nun eine ganze Flotte düsengetriebener Züge bauen wolle. Hingegen konnte er klar die Frage beantworten, ob normales Fahrzeugmaterial auf einer normalen Strecke auch Hochgeschwindigkeitsfahrten unternehmen kann. Im Übrigen hatte das ganze Projekt nur 35.000 US-$ gekostet, nach heutigem Stand etwa 260.000 US-$. Der M-497 wurde anschließend wieder zurückgebaut und lief

Kaum zu glauben, dass ein einfacher Budd-Triebwagen des Typs RDC für den Regionalverkehr zu so hohen Geschwindigkeiten fähig war wie der M-497. Hier ein wunderschön restaurierter Budd-RDC, die Nummer 41 der New Haven im »Railroad Museum of New England« (Thomaston/CT) im Originalzustand.

dann zunächst im Personenverkehr zwischen Croton-Harmon und Poughkeepsie im Staat New York. 1968 gelangte er zur Penn Central und 1976 zur Conrail, welche ihn ein Jahr später außer Dienst stellte. Leider wurde er 1984 verschrottet, doch trotz TurboTrains, Metroliners und Acelas hält er immer noch den amerikanischen Geschwindigkeitsrekord für Schienenfahrzeuge.

Die TurboTrains

Eine Auswirkung des »High Speed Ground Transportation Act« bildete hingegen die Beauftragung der United Aircraft Corporation (UAC) mit der Entwicklung eines durch Gasturbinen angetriebenen Triebzuges, des später so genannten TurboTrains. Er sollte zwischen New York und Boston zum Einsatz kommen, da damals nur ein kurzer Streckenabschnitt von New York bis New Haven elektrisch befahrbar war. So wurden im Januar 1966 zwei dreiteilige Züge bestellt. Dieser Order schloss sich im Mai 1966 die Canadian National Railway (CN) mit fünf siebenteiligen TurboTrains für den Verkehr zwischen Toronto und Montreal an.

Innerhalb von knapp zwei Jahren entwickelte die UAC die Turbo-Train-Triebzüge, die aus zwei motorisierten Endwagen (Triebköpfen) und einer variablen Zahl von Zwischenwagen bestanden. Die stromlinienförmigen Fahrzeuge in Aluminium-Leichtbauweise in Anlehnung an den Flugzeugbau zeigten ein futuristisches Erscheinungsbild. Die Triebköpfe besaßen eine aufgesetzte Kanzel mit Platz für den Triebfahrzeugführer und dahinter eine »Observation Lounge« für die Fahrgäste. Der Antrieb erfolgte mit bis zu sieben mit Dieselkraftstoff betriebenen Gasturbinen des Typs ST6 und einer Leistung von je knapp 300 kW. Eine Turbine lief immer zur Versorgung der Nebenbetriebe wie etwa der Klimaanlage, während die übrigen über einen Generator auf die Fahrmotoren in den Radsätzen des führenden Drehgestells wirkten. Auf den Tunnelstrecken zum Grand Central Terminal und zur Penn Station in New York wurden die Fahrmotoren über Stromabnehmer und den dort installierten seitlichen Stromschienen versorgt, da der Einsatz der Gasturbinen in den Tunnels untersagt war. Die rund 75 cm niedrigeren Mittelwagen waren als als herkömmliche Eisenbahnwagen durch Jakobsdrehgestellen mit den Triebköpfen verbunden. Mit dem Ziel, Kurven bei gleichbleibendem oder verbessertem Komfort für die Fahrgäste schneller durchfahren zu können, wurde der TurboTrain als absolute Neuheit mit passiver Neigetechnik ausgerüstet. Hierfür wurde die Verbindung zwischen den Wagenkästen und dem Fahrwerksgestell erst oberhalb des Schwerpunkts der Wagen durch eine Aufhängung hergestellt. Selbstverständlich verfügten die Fahrzeuge über eine Klimaanlage und standen unter leichtem Überdruck, um das Eindringen von Staub und den Geräuschpegel zu minimieren.

Ausgelegt waren die Züge für eine Höchstgeschwindigkeit von 120 mph (193 km/h), doch im Normalbetrieb bildeten 100 mph (160 km/h) das Maximum. Am 20. Dezember 1967 erreichte jedoch der erste, bereits im Mai 1967 ausgelieferte TurboTrain bei Versuchsfahrten überaus beachtliche 170,8 mph (274,9 km/h). Dies bedeutete amerikanischen Rekord für ein Serienfahrzeug herkömmlicher Bauart. Die beiden im Besitz der UAC befindlichen US-amerikanischen Züge wurden ab 1968 für zunächst zwei Jahre an das amerikanische Verkehrsministerium vermietet und zur Betriebsführung an die New Haven Railroad übergeben.

Bei der »U.S. International Transportation Exposition« (Transpo ´72) auf dem Gelände des Dulles International Airport bei Washington durfte ein TurboTrain nicht fehlen, aufgenommen Anfang Juni 1972.

Doch erst nach der Beseitigung zahlreicher Kinderkrankheiten gingen sie ab dem 8. April 1969 in den Planeinsatz, wobei sich nun die Fahrzeit zwischen New York und Boston von 4 Stunden 15 Minuten auf 3 Stunden 39 Minuten verkürzte. Ihre Zuverlässigkeit blieb jedoch immer noch unter den angestrebten Werten. Zum 1. Mai 1971 übernahm die neu gegründete Amtrak die Züge und bestellte noch 1971 vier zusätzliche Zwischenwagen bei UAC, um ab 1972 zwei fünfteilige Garnituren einsetzen zu können. 1973 konnte Amtrak eine zusätzliche vierteilige Garnitur aus Kanada erwerben. Doch weiterhin unzufrieden mit der Verfügbarkeit beschloss Amtrak, die Einsätze zum 8. September 1976 zu beenden und die Fahrzeuge auszumustern.

Ähnliche Probleme zeigten sich zunächst bei den Turbo-Trains der CN. Zwar ermöglichte die Inbetriebnahme der Züge ab Dezember 1968 eine Verkürzung der Fahrzeit zwischen Toronto und Montreal von 4 Stunden 50 Minuten auf 3 Stunden 59 Minuten, doch ihre Zuverlässigkeit ließ zu wünschen übrig. Daher wurden sie 1972/73 von Pratt & Whitney Canada komplett umgebaut und zu drei neunteiligen Einheiten zusammengestellt. In der Folge entwickelten sie sich zu überaus zuverlässigen Fahrzeugen und ihre Verfügbarkeit stieg auf etwa 98 %. Am 22. April 1976 stellte einer dieser modifizierten TurboTrains den kanadischen Geschwindigkeitsrekord mit 140,6 mph (226,3 km/h) auf, der bis heute ungebrochen ist. 1978 übernahm die nach dem Vorbild von Amtrak gegründete Bahngesellschaft VIA Rail Canada die drei Einheiten, doch aufgrund hoher Betriebskosten wurden sie zwischen 1979 und 1982 sukzessive durch die neu beschafften LRC-Züge (LRC = Light, Rapid, Comfortable) abgelöst und wanderten anschließend auf den Schrottplatz.

Dieser Blick in die Werkshallen der United Aircraft Corporation (UAC) zeigt gut den Aufbau des TurboTrains.

Der HST

Mitte der 1960er Jahre beschäftigten sich britische Eisenbahningenieure mit einer Beschleunigung des schnellen Fernverkehrs, da die britische Staatsbahn (British Rail = BR) nicht von Japan mit dem Shinkansen und dem französischen TGV abgehängt werden wollte.

Ein HST der »First« mit führendem Triebkopf 43 141 fährt am 26. August 2012 mit dem »12:21 h nach Paddington« in den Bahnhof von Truro ein.

Eine HST-Einheit durcheilt Babworth bei Retford noch in der originalen InterCity 125-Farbgebung »Gelb und Blau« von British Rail, es führt der Triebkopf 43 090.

Die Erfahrungen mit den Expresszügen auf der Ostküstenhauptstrecke (East Coast Main Line = ECML) zwischen London und Edinburgh hatten schon gezeigt, dass kürzere Reisezeiten eine deutliche Steigerung der Fahrgastzahlen hervorrufen können. Jedoch verlief diese Strecke weitgehend gerade und war daher für hohe Geschwindigkeiten geeignet. Andere Strecken, wie die West Coast Main Line (WCML) von London nach Glasgow, verliefen nicht geradlinig genug, um hohe Geschwindigkeiten mit herkömmlichen Zügen zu realisieren. Ausbaumaßnahmen wie das Überhöhen oder Begradigen hätten auch nur Geschwindigkeiten bis zu 200 km/h ermöglicht. Um jedoch 250 km/h zu erreichen und die Fahrzeiten entsprechend zu verkürzen, begannen die Ingenieure im Forschungszentrum von British Rail einen Zug mit erweiterter aktiver Neigetechnik zu entwickeln – den »Advanced Passenger Train« (APT). Dieser sollte mit Hilfe von Sensoren gesteuerten Hydraulikzylindern seine Wagenkästen so neigen, dass die Fahrgäste nicht durch die auftretenden Fliehkräfte beeinträchtigt werden würden. So sollte für Großbritannien ein »TGV« konstruiert werden, welcher auf der herkömmlichen Schieneninfrastruktur völlig neue Geschwindigkeitswelten eröffnen sollte. Wegen einer Vielzahl technischer Probleme sowie fehlender Finanzmittel und der nötigen politischen Unterstützung endete das APT-Projekt vorzeitig und ging nie in Serienproduktion.

Der HST – die Baureihe 43

In weiser Voraussicht setzten die Verantwortlichen bei British Rail (BR) nicht nur auf die APT-Technologie, sondern initiierten Anfang der 1970er ein paralleles Projekt zur Entwicklung eines schnellen Zuges mit konventioneller Technik. Heraus kam dabei der »High Speed Train« (HST), welcher auch unter dem Namen »Intercity 125« vermarktet wurde. Dieser sollte dann aber eine der erfolgreichsten Innovationen von British Rail werden und fährt noch heute. Ein erster Prototyp stand 1972 für Testfahrten zur Verfügung: Zwischen zwei leichten, 200 km/h schnellen, vierachsigen, dieselelektrischen Lokomotiven (zunächst Baureihe 41) befand sich eine Reihe der neuen 23 Meter langen Mark3-Wagen. Die Lokomotiven oder besser Leichtbau-Triebköpfe besaßen am einen Ende einen richtigen Führerstand, der aerodynamisch ausgeformt

Den Bahnhof von Taunton verlässt am 28. August 2012 mit dem »13:33 h nach Paddington« ein HST der »First«, am Zugschluss der Triebkopf 43 193.

war. Das andere Ende schloss bündig mit den Wagen ab und hatte nur einen Hilfsführerstand für Rangierfahrten. Als Antriebseinheit stand ein Paxman-Valenta-Dieselmotor des Typs 12RP200L mit 1.864 kW Leistung zur Verfügung. Die elektrische Ausrüstung wurde von Brush geliefert. Kurze Zeit später wurden die Triebköpfe in 43 000 und 001 umgezeichnet. Nach Abschluss der erfolgreichen Versuchsfahrten mit dem Prototyp wurden zwischen 1973 und 1977 insgesamt 197 Triebköpfe (43 002-198) und eine entsprechende Anzahl von Zwischenwagen bestellt. Nach der Indienststellung der Serien-HST übernahm das BR-Versuchszentrum in Derby die beiden Prototyp-Triebköpfe, wo sie noch bis Anfang der 1980er Jahre gute Dienste leisteten. Der Prototyp-Triebkopf 43 001 gelangte nach einer Restaurierung ins National Railway Museum in York, während der andere Triebkopf leider 1990 verschrottet wurde.

Das BREL-Werk in Crewe hatte den Auftrag zum Bau der Triebköpfe erhalten, mit deren Fertigung Ende 1974 begonnen wurde. Ende 1975 waren die ersten Serientriebköpfe fertiggestellt und begannen am 4. Oktober 1976 mit planmäßigen Einsätzen im hochwertigen Reisezugdienst. Als letzter Triebkopf verließ der 43 198 im August 1982 die Werkshallen. Gleichzeitig mit dem Bau der Triebköpfe begann die Produktion der Zwischenwagen bei BREL in Derby. In der Regel liefen und laufen auch heute noch die HST mit sieben oder acht Zwischenwagen. Das äußere Erscheinungsbild der Serien-Triebköpfe unterschied sich geringfügig von den Prototypen. Die auffälligsten Veränderungen waren der Verzicht auf die Frontpuffer, der Entfall der zweigeteilten Frontscheibe sowie der hintere Behelfsführerstand. Ein Paxman-Dieselmotor 12RP200L diente weiterhin als Antriebsaggregat, war aber nun auf 1.678 kW herunter geregelt, was aber für die vier Brush-Elektromotoren mit je 330 kW Leistung völlig ausreichend war.

Auch nach der Privatisierung von British Rail konnten die neuen Betreiber auf die HST nicht verzichten und so standen 2016 noch 194 von den 197 gebauten Serientriebköpfen im Dienst, die sich wie folgt auf die damaligen Betreibergesellschaften verteilten: Great Western Railway (119), Virgin Trains East Coast (32), East Midlands Trains (24), Cross Country (10), Great Central (6) und Network Rail (3).

Den Viadukt von St. Germans über den Fluss Tiddy überquert am 29. August 2012 ein HST in Richtung London.

Nach fast 30 harten Einsatzjahren war eine Modernisierung der HST-Flotte dringend geboten: 2005 wurden die beiden Triebköpfe 43 004 und 009 von der First Great Western (heute Great Western Railway) versuchsweise mit neuen MTU-Motoren des Typs 16V 4000 und 2.010 kW Leistung ausgerüstet. Der Motor bewährte sich ausgezeichnet, so dass ihn sukzessive alle Triebköpfe der Betreiber Great Western Railway, Virgin Trains East Coast, Cross Country, Great Central und Network Rail erhielten. Lediglich East Midlands Trains bevorzugte bei der Remotorisierung den Paxman 12VP185, ebenfalls mit 2.010 kW Leistung.
Nichtsdestoweniger ist der Einsatz der HST-Triebwagen mittlerweile weitgehend Geschichte. Als letzte Bahngesellschaft zog East Midlands Railway ihre verbliebenen Exemplare im Mai 2021 aus dem Intercityverkehr ab und ersetzte sie durch moderne Fahrzeuge. Trotzdem werden die Fans die fast 50 Jahre alten Fahrzeuge noch einige Zeit erleben können: Zwischen London und Cornwall werden sie voraussichtlich noch bis Mitte der 2020er Jahre im Einsatz sein. Und seit Oktober 2018 verkehren immerhin noch 26 verkürzte HST-Einheiten in Schottland, deren Leihvertrag erst 2030 endet.
Insgesamt drei Weltrekorde kann sich der HST an die Fahnen heften: Schon ein Jahr nach Indienststellung holte sich der Prototyp-HST am 12. Juni 1973 den neuen Weltrekord für Dieseltraktion, als er auf der »East Coast Main Line« zwischen Northallerton und Thirsk 143,2 mph (230,4 km/h) erreichte.

Ein weiterer Rekord wurde am 27. September 1985 gebrochen, als ein HST als IC125 »Tyne-Tees Pullman« die 268 Meilen (431 km) lange Strecke von Newcastle nach London Kings Cross in weniger als 2 Std. und 20 Min. bei einer durchschnittlichen Geschwindigkeit 115,4 mph (185,7 km/h) zurücklegte. Die 17,9 Meilen (28,8 km) zwischen Corby Glen und Werrington (in der Nähe von Peterborough) wurden dabei in 7 Min. und 40 Sek. bei einer Durchschnittsgeschwindigkeit von 140,1 mph (225,5 km/h) passiert.
Am 1. November 1987 setzte ein HST den Geschwindigkeitsweltrekord für Dieseltraktion noch ein wenig höher. Die beiden Triebköpfe 43 102 »City of Wakefield« und 43 104 sowie drei Zwischenwagen wurden zwischen York und Northallerton mit einer Spitzengeschwindigkeit von 148 mph (238,2 km/h) gemessen.

Der Talgo XXI

Die Talgo-Gliederzüge sind eine Erfindung des spanischen Ingenieurs Alejandro Goicoechea, der Ende der 1930er Jahre durch ein neues Fahrzeugkonzept die Nachteile von schweren und wenig gleisfreundlichen Reisezugwagen kompensieren wollte.

Der Talgo-Versuchszug XXI in seiner heutigen Gestalt als Halbzug mit Steuerwagen der spanischen Infrastrukturbehörde »adif« (Administrador de Infraestructuras Ferroviarias), hier der 355 001 »Virgen del Pilar« (anfangs: »Virgen del Rocío«) am 28. April 2015.

Auch ein Besuch des Talgo XXI in einem der schönsten Bahnhöfe Spaniens durfte nicht fehlen – gemeint ist natürlich Barcelonas Estació de França.

Testfahrten im spanischen Hochland, es führt der XXI-Triebkopf »Virgen del Rocío«.

Nun schon im Eigentum der spanischen Infrastrukturbehörde GIF (Gestor de Infraestructuras Ferroviarias, ab 01.01.2005 adif) stehend und nur fünfteilig unterwegs, erhielten die Triebköpfe die Nummern 355 001 und 002.

1942 gründete Goicoechea gemeinsam mit dem Financier Oriol die Firma Patentes Talgo S.A. in Madrid und stellte mit dem Talgo I einen ersten Prototypen mit angelenkten dreipunktgelagerten Wagenelementen und Einzelrädern vor. »Talgo« steht dabei für »Tren articulado ligero Goicoechea Oriol« (= Leichter Gliederzug nach Goicoechea und Oriol). Beim Talgo besitzt jeder Wagenkasten jeweils nur an einem Ende ein Einzelradfahrwerk, während sich das andere Ende auf den Nachbarwagen abstützt. Nur der führende Endwagen verfügt über zwei Fahrwerke. Bedingt durch die kurzen Wagenkästen stellen sich die Stummelachsen der Räder in den Bögen beinahe radial ein, so dass die Spurkränze im Vergleich zu konventionellen Fahrzeugen weniger stark anlaufen und so die Gleise weniger beanspruchen. Diese Konstruktion ließ die Talgozüge überaus leicht und ruhig durch Bögen rollen. Das grundlegende Konzept der Talgozüge wurde im Laufe der Jahre nicht verändert, aber natürlich weiterentwickelt. So kamen eine radiale Fahrwerkslenkung, die passive Neigefähigkeit »Talgo Pendular« sowie auf unterschiedliche Spurweiten einstellbare Fahrwerke »Talgo RD« hinzu.

Einmal fast komplett von Seite: der sechsteilige Talgo XXI auf einer schönen Steinbogenbrücke im Testbetrieb.

Der Talgo XXI mit dem Triebkopf BT-001 »Virgen del Rocío« präsentiert sich während einer Versuchsfahrt dem Talgo-Werksfotografen.

Gut erkennbar bei diesem Blickwinkel ist die aus einem GFK-Bauteil gefertigte Fahrzeugfront des bei Krauss-Maffei gebauten Triebkopfes BT-001.

Um von der spanischen Breitspur ohne Radsatz- oder Fahrgestelltausch auf Normalspurgleise wechseln zu können, entwickelte Talgo Laufwerke, bei denen der Abstand der Radscheiben verstellt werden kann. Talgo-Züge mit dieser Einrichtung erhielten die zusätzliche Bezeichnung RD (= Ruedas Desplazables = verstellbare Räder). Der Spurwechsel erfolgt in einer Umspuranlage, wo die Radscheiben entlastet, entriegelt, durch Gleitstücke in die neue Lage gedrückt und in dieser wieder verriegelt werden. Unter dem Namen »Talgo XXI« wurde anlässlich des 150-jährigen Jubiläums der spanischen Staatsbahnen RENFE im Oktober 1998 ein Prototyp dem staunenden Publikum in Barcelona präsentiert. Der Versuchszug war an beiden Enden mit dieselhydraulischen Triebköpfen bestückt, deren Antriebsdrehgestelle erstmals umspurbar ausgeführt waren und so einen automatischen Spurwechsel ermöglichten. Die modernen Leichtbau-Triebköpfe und die spezielle Neigetechnik erlauben den Betrieb auf kurvenreichen Strecken. Die als »BT« (charakterisiert die Radsatzkonfiguration des Triebkopfes: B = Triebdrehgestell, T = nachfolgender Talgo-Standardradsatz) bezeichneten Triebköpfe mit 1.500-kW-Dieselmotoren des Typs »MTU 12 V 4000 R20« und Zweigang-Turbogetriebe »L 520 rz U2« von Voith erreichen eine Höchstgeschwindigkeit von 220 km/h. Sie wurden von Krauss-Maffei geliefert, während die Talgo 7-Wagen im Hause Talgo konstruiert wurden. Die Triebköpfe weisen lediglich ein Triebdrehgestell auf, während sich das andere Ende bereits auf das Talgo-Fahrwerk des benachbarten Wagens abstützt. Die nach aerodynamischen und Design-Gesichtspunkten gestaltete Fahrzeugfront besteht aus einem einzigen GFK-Bauteil.

Am 3. April 2000 führte ein Versuchszug, bestehend aus einem BT-Triebkopf und sieben Wagen, eine Demonstrationsfahrt von Madrid nach Puente Genil durch. In Córdoba wurde dabei zum ersten Mal die Umspurung bei Fahrt demonstriert und der Zug durchfuhr die Umspuranlage mit 15 km/h in 60 Sekunden. Bei einer Versuchsfahrt am 12. Juni 2002 auf der Hochgeschwindigkeitsstrecke Madrid – Barcelona zwischen Ballobar und Montagut stellte der Talgo XXI (Triebköpfe 355 001 und 002 sowie drei Mittelwagen) mit 256,38 km/h einen neuen Weltrekord für mit Dieselmotoren betriebene Fahrzeuge auf. Beide Triebköpfe erhielten dann zur Erinnerung an diese Rekordfahrt entsprechende Aufschriften. Nach der Lieferung von zwei Steuerwagen wurden zwei vierteilige Garnituren gebildet, bestehend aus je einem Triebkopf, zwei Mittelwagen und einem Steuerwagen. Anschließend gingen beide Züge ins Eigentum der spanischen Infrastrukturbehörde GIF (heute ADIF) über, welche sie nach wie vor für Messfahrten einsetzt.

Bildnachweis

Alstom 106 links oben, 107
Archiv transpress 3
Sammlung Koppisch, Archiv transpress 39
Archiv transpress, Sammlung Töpelmann 10, 11, 26 rechts, 27 links, 27 rechts, 36/37, 40, 58
Breda 73, 74, 75 unten
Siemens 64, 68
Talgo 155 links oben, 155 Mitte, 156 oben, 156 unten, 157
Michael Klaus 61 oben
F.-M. Möckel 61 unten
Uwe Möckel 57, 60, 61 Mitte
Jan Reiners 59
Stefano Paolini da photorail.com 72
Voith 155 rechts oben

Wikimedia Commons:
8: By Science Museum - The British Railway Locomotive, H.M.S.O., Public Domain, https://commons.wikimedia.org/w/index.php?curid=7776361
14: By A.M.Hurrell - Own work, CC BY 2.5, https://commons.wikimedia.org/w/index.php?curid=392447
18: By Photographer - A.M.Hurrell - Own work, CC BY 2.5, https://commons.wikimedia.org/w/index.php?curid=392429
25: By Unknown author - Old drawing, CC BY-SA 3.0, https://commons.wikimedia.org/w/index.php?curid=26568743
26, links: By Fernand Fleury, † 1918-07-18 - postcard, Public Domain, https://commons.wikimedia.org/w/index.php?curid=22250771
42: By Hugh Llewelyn - 4464Uploaded by Oxyman, CC BY-SA 2.0, https://commons.wikimedia.org/w/index.php?curid=24384650
44: By Phil Sangwell from United Kingdom - 60007 Danesmoor, CC BY 2.0, https://commons.wikimedia.org/w/index.php?curid=32136727
45: By Aanderson - Own work, CC BY 3.0, https://commons.wikimedia.org/w/index.php?curid=3863075
43: By Alan Wilson - 60009 Union of South Africa, CC BY-SA 2.0, https://commons.wikimedia.org/w/index.php?curid=26900611
46/47: By Tony Hisgett from Birmingham, UK - Bittern and Mallard 2Uploaded by Ultra7, CC BY 2.0, https://commons.wikimedia.org/w/index.php?curid=20885658
48: By Geof Sheppard - Own work, CC BY-SA 4.0, https://commons.wikimedia.org/w/index.php?curid=38805842
49 oben: By Phil Sangwell from United Kingdom - 4468 Brightside Station, CC BY 2.0, https://commons.wikimedia.org/w/index.php?curid=32129138
49 unten: By Ben Brooksbank, CC BY-SA 2.0, https://commons.wikimedia.org/w/index.php?curid=17061923
50/51: By Tony Hisgett from Birmingham, UK - LNER Lineup 4Uploaded by Ultra7, CC BY 2.0, https://commons.wikimedia.org/w/index.php?curid=20885735
56: By Andre_de - Own work, CC BY-SA 3.0, https://commons.wikimedia.org/w/index.php?curid=28384515
85: By Ariake - Own work, CC BY-SA 3.0, https://commons.wikimedia.org/w/index.php?curid=3905712
94: By Orangelunchbox at Japanese Wikipedia aka Ariake - Own work by the original uploader, CC BY-SA 3.0, https://commons.wikimedia.org/w/index.php?curid=118831389
147 links: By BengtM - Took picture on slide film in 1972, scanned slide in 2009Previously published: https://www.flickr.com/photos/bengtm/3473007987/, CC BY 3.0, https://commons.wikimedia.org/w/index.php?curid=21247379
81: By Bernard Pépellin, CC BY-SA 3.0, https://commons.wikimedia.org/w/index.php?curid=27780957
109 rechts: By Bigbug21 - Own work, CC BY-SA 3.0, https://commons.wikimedia.org/w/index.php?curid=4806550
118: By LVT, CC BY-SA 3.0 de, https://commons.wikimedia.org/w/index.php?curid=18448821
119: By bigbug21 - Own work, CC BY-SA 2.5, https://commons.wikimedia.org/w/index.php?curid=1131889
20: Public Domain, https://commons.wikimedia.org/w/index.php?curid=601891
21 unten: Public Domain, https://commons.wikimedia.org/w/index.php?curid=615094
106 unten: By Boris Lux, Hamburg - Germany Mycdes - http://www.boris-lux.de/04_types/41_tr/tr_history/trhi.php, CC BY-SA 4.0, https://commons.wikimedia.org/w/index.php?curid=36866443
38: By Bundesarchiv, Bild 102-16693 / CC-BY-SA 3.0, CC BY-SA 3.0 de, https://commons.wikimedia.org/w/index.php?curid=5481365
41: By Bundesarchiv, Bild 183-C10258 / CC BY-SA 3.0 DE, CC BY-SA 3.0 de, https://commons.wikimedia.org/w/index.php?curid=5870997
132 rechts: By Bundesarchiv, Bild 102-11902 / Georg Pahl / CC-BY-SA 3.0, CC BY-SA 3.0 de, https://commons.wikimedia.org/w/index.php?curid=5480232
12/13: By calflier001 - 4469 A 4 PACIFIC CLASS STEAM LOCOMOTIVE THE MALLARD AT THE GREAT GATHERING AT THE NATIONAL RAILWAY MUSEUM YORK JULY 2013, CC BY-SA 2.0, https://commons.wikimedia.org/w/index.php?curid=28882834
98: By –ChrisStuggi 22:33, 5. Aug. 2009 (CEST) - eigens Bild, CC BY-SA 3.0, https://commons.wikimedia.org/w/index.php?curid=9955536
2: By © DAJF / Wikimedia Commons, CC BY-SA 3.0, https://commons.wikimedia.org/w/index.php?curid=11346525
86: By © DAJF / Wikimedia Commons, CC BY-SA 3.0, https://commons.wikimedia.org/w/index.php?curid=20236309
88: By © DAJF / Wikimedia Commons, CC BY-SA 3.0, https://commons.wikimedia.org/w/index.php?curid=11362041
90 oben: By © DAJF / Wikimedia Commons, CC BY-SA 3.0, https://commons.wikimedia.org/w/index.php?curid=7163679
112/113: By Kabelleger / David Gubler (http://www.bahnbilder.ch) - Own work: http://www.bahnbilder.ch/picture/11310, CC BY-SA 3.0, https://commons.wikimedia.org/w/index.php?curid=23674911
141 oben links: By Union Pacific Railroad, Public Domain, https://commons.wikimedia.org/w/index.php?curid=17020508
141 oben rechts: By Union Pacific, Public Domain, https://commons.wikimedia.org/w/index.php?curid=25154534
142 oben links: By General Motors, Public Domain, https://commons.wikimedia.org/w/index.php?curid=22952271
142 oben rechts: By Union Pacific Railroad, Public Domain, https://commons.wikimedia.org/w/index.php?curid=17487462
143: By Union Pacific Railroad, Public Domain, https://commons.wikimedia.org/w/index.php?curid=19236604
15 links: Public Domain, https://commons.wikimedia.org/w/index.php?curid=216004

15 rechts: Public Domain, https://commons.wikimedia.org/w/index.php?curid=114694
154: By Fedekuki - Own work, CC BY-SA 4.0, https://commons.wikimedia.org/w/index.php?curid=39829715
28: Public Domain, https://commons.wikimedia.org/w/index.php?curid=808468
29 oben rechts: By A.P. Yates - http://hdl.loc.gov/loc.pnp/cph.3b17702, Public Domain, https://commons.wikimedia.org/w/index.php?curid=3655579
29 oben links: By Photo by Sean Lamb (User:Slambo) - Own work, CC BY-SA 2.5, https://commons.wikimedia.org/w/index.php?curid=731491
129: By Hennie Heymans, CC BY-SA 3.0, https://commons.wikimedia.org/w/index.php?curid=42444040
75 oben: By Jollyroger - Own work, CC BY-SA 3.0, https://commons.wikimedia.org/w/index.php?curid=9800843
67 oben: By Unknown author, Public Domain, https://commons.wikimedia.org/w/index.php?curid=10739205
30: By Detroit Publishing Co. , publisher - This work is from the Detroit Publishing Co. collection at the Library of Congress, Prints and Photographs divisionunder the digital ID det.4a19655. According to the library, there are no known copyright restrictions on the use of this work.
Most of the images in this collection were published before 1928 and are therefore in the public domain in the United States. A few images were published after this date and may be restricted by copyright. Public Domain, https://commons.wikimedia.org/w/index.php?curid=12692184
33 oben: By Werksfoto Henschel, Public Domain, https://commons.wikimedia.org/w/index.php?curid=1498370
116: By Magnus Gertkemper - Own work, CC BY-SA 3.0, https://commons.wikimedia.org/w/index.php?curid=2765724
110 oben: By Marc Voß - Marc Voß, CC BY-SA 3.0, https://commons.wikimedia.org/w/index.php?curid=3368370
54: Von Gottscho-Schleisner Collection - Library of CongressCatalog: https://www.loc.gov/pictures/item/gsc1994000208/PPOriginal url: https://hdl.loc.gov/loc.pnp/gsc.5a18641, gemeinfrei, https://commons.wikimedia.org/w/index.php?curid=67940917
111: By Peter elektro - Own work, CC BY-SA 3.0, https://commons.wikimedia.org/w/index.php?curid=27524152
125 links: By Philmar du Plessis, CC BY-SA 3.0, https://commons.wikimedia.org/w/index.php?curid=46573721
149: By Phil Sangwell from United Kingdom - Babworth near Retford, CC BY 2.0, https://commons.wikimedia.org/w/index.php?curid=32137786
106 rechts oben: By Pi Eye - TGV V150 - 03/04/07, CC BY-SA 2.0, https://commons.wikimedia.org/w/index.php?curid=3743689
16: By Pimvantend - Own work, CC BY-SA 3.0, https://commons.wikimedia.org/w/index.php?curid=35762426
136: By Rainerhaufe, CC BY-SA 3.0, https://commons.wikimedia.org/w/index.php?curid=11890443
137 links: By Rainerhaufe, CC BY-SA 3.0, https://commons.wikimedia.org/w/index.php?curid=12470193
87 links: By spaceaero2 - Own work, CC BY 3.0, https://commons.wikimedia.org/w/index.php?curid=9922962
87 rechts: By Rsa - Own work, CC BY-SA 3.0, https://commons.wikimedia.org/w/index.php?curid=7399229
92: By Rsa - Own work, CC BY-SA 3.0, https://commons.wikimedia.org/w/index.php?curid=18460547
93: By Rsa - Own work, CC BY-SA 3.0, https://commons.wikimedia.org/w/index.php?curid=7400593
95: By Rsa - Own work, CC BY-SA 3.0, https://commons.wikimedia.org/w/index.php?curid=11004416
89: By Scfema - Own work, CC BY-SA 3.0, https://commons.wikimedia.org/w/index.php?curid=9874992
8: By Science Museum - The British Railway Locomotive, H.M.S.O., Public Domain, https://commons.wikimedia.org/w/index.php?curid=7776361
70: By Unknown author - Scan Werksfoto, Public Domain, https://commons.wikimedia.org/w/index.php?curid=3595695
82: By Sui-setz - Own work, Public Domain, https://commons.wikimedia.org/w/index.php?curid=3348520
90/91 unten: By Takeshi Kuboki from Amagasaki, Japan - Shinkansen 300 series, CC BY 2.0, https://commons.wikimedia.org/w/index.php?curid=31858615
91 oben: By TC411-507 - Own work, CC BY-SA 3.0, https://commons.wikimedia.org/w/index.php?curid=8853013
108: By Thealx - Own work, CC BY 3.0, https://commons.wikimedia.org/w/index.php?curid=5630936
9 rechts oben: By Tony Hisgett from Birmingham, UK - Rocket Tyseley 3Uploaded by oxyman, CC BY 2.0, https://commons.wikimedia.org/w/index.php?curid=15628107
17: By Tony Hisgett from Birmingham, UK - Rocket Tyseley 1Uploaded by oxyman, CC BY 2.0, https://commons.wikimedia.org/w/index.php?curid=15628120
133: By Franz Jansen (†), Erkrath - (Original text: privat) Original uploader was Walter Koch at de.wikipedia, CC BY-SA 3.0, https://commons.wikimedia.org/w/index.php?curid=3855512

Die übrigen Aufnahmen stammen vom Verfasser bzw. aus der Sammlung des Verfassers.

Quellenverzeichnis

Buchmann; Dampflokomotiven in den USA 1825-1950, Band 2; Birkhäuser 1978
Duke u. Kelly; RDC – The Budd Rail Diesel Car; Gold West Books 1999
Estler; Das große Loktypenbuch; transpress 2007
Estler; Schnelle Züge weltweit; transpress 2011
Kühne, Reiners; 100 legendäre Dampfloks; transpress 2008
Maedel; Giganten der Schiene; Franck´sche Verlagshandlung 1971
Marsden; HST – The second Millenium; Ian Allan Publishing 2010
Semmens; High Speed in Japan; Platform 5 Publishing 2000

diverse Artikel in den Fachzeitschriften Eisenbahn-JOURNAL, EISEN-BAHN-KURIER, Eisenbahntechnische Rundschau (ETR), Glasers Annalen, Lok-Magazin, LOK-Report, Raifan & Railroad, Railway Digest und Trains

Ausnehmend hilfreich waren auch diverse Homepages im Internet, welche unzählige Details besteuerten und ohne deren Informationen dieses Buch wohl nie zustande gekommen wäre.

WEITERE INTERESSANTE BÜCHER ZUM THEMA

Bevor Auto und Flugzeug ihren Siegeszug antraten, war die Eisenbahn die Königin im Fernreiseverkehr. Auch heute gibt es in vielen Ländern noch luxuriöse Reisezüge. Dieser Band schlägt einen Bogen von der Historie bis in die Jetztzeit und gibt Tipps, wo man im Stile des goldenen Zeitalters reisen kann.

160 Seiten, 323 Abbildungen, Format 240 x 220 mm
ISBN 978-3-613-71671-1
€ 19,95 / € (A) 20,60

Die Eisenbahn kann auf eine turbulente Karriere beim Film zurückblicken. Häufig in einer kleinen Nebenrolle zu sehen, tritt sie mitunter auch in einer tragenden Neben- oder Hauptrolle auf. Dieses Buch präsentiert Filme, in denen die Eisenbahn eine besondere Rolle spielte.

160 Seiten, 216 Abbildungen, Format 240 x 220 mm
ISBN 978-3-613-71635-3
€ 14,95 / € (A) 15,40

Die Schienenwelt in und um Stuttgart war auf den Bundes-, Straßen-, Privat- und Industriebahnstrecken zwischen 1960 und 1980 äußerst abwechslungsreich. Über diese spannende Epoche berichten die beiden Zeitzeugen Thomas Estler und Burkhard Wollny kenntnisreich in Wort und Bild.

192 Seiten, 200 Abbildungen, Format 230 x 265 mm
ISBN 978-3-613-71638-4
€ 34,90 / € (A) 35,90

Die Faszination der Dampflok führte den Niederländer Edward H. Broekhuizen in den letzten Jahrzehnten um die ganze Welt. Auf diesen Reisen entstanden eindrucksvolle Fotos von den letzten Dampfloks auf fast allen Kontinenten. Die schönsten Aufnahmen wählte er für diesen Bildband aus.

176 Seiten, 200 Abbildungen, Format 230 x 265 mm
ISBN 978-3-613-71640-7
€ 29,90 / € (A) 30,80

Leseproben zu allen Titeln auf unserer Internetseite

transpress

Stand Juni 2023
Änderungen in Preis und Lieferfähigkeit vorbehalten.

Überall, wo es Bücher gibt, oder unter
WWW.MOTORBUCH-VERSAND.DE
Service-Hotline: 0711 / 78 99 21 51